독자의 1초를 아껴주는 정성!

세상이 아무리 바쁘게 돌아가더라도
책까지 아무렇게나 빨리 만들 수는 없습니다.
인스턴트 식품 같은 책보다는
오래 익힌 술이나 장맛이 밴 책을 만들고 싶습니다.

길벗은 독자 여러분이
가장 쉽게, 가장 빨리 배울 수 있는 책을
한 권 한 권 정성을 다해 만들겠습니다.

독자의 1초를 아껴주는
정성을 만나보십시오.

· ·

미리 책을 읽고 따라해본 2만 베타테스터 여러분과
무따기 체험단, 길벗스쿨 엄마 2% 기획단,
시나공 평가단, 토익 배틀, 대학생 기자단까지!
믿을 수 있는 책을 함께 만들어주신 독자 여러분께 감사드립니다.

홈페이지의 '독자마당'에 오시면 책을 함께 만들 수 있습니다.

(주)도서출판 길벗 www.gilbut.co.kr
길벗 이지톡 www.gilbut.co.kr
길벗스쿨 www.gilbutschool.co.kr

KB108980

초등
엄마 말의 힘

초등
엄마 말의 힘

The Power of Mother's Talk for Elementary Students

초판 1쇄 발행 | 2020년 6월 25일

지은이 | 김선호
발행인 | 이종원
발행처 | (주)도서출판 길벗
출판사 등록일 | 1990년 12월 24일
주소 | 서울시 마포구 월드컵로 10길 56(서교동)
대표 전화 | 02)332-0931 | 팩스 · 02)323-0586
홈페이지 | www.gilbut.co.kr | 이메일 · gilbut@gilbut.co.kr

기획 및 책임편집 | 최준란(chran71@gilbut.co.kr) | 디자인 · 황애라
제작 · 이준호, 손일순, 이진혁 | 영업마케팅 · 진창섭, 강요한 | 웹마케팅 · 조승모, 황승호
영업관리 · 김명자, 심선숙, 정경화 | 독자지원 · 송혜란, 홍혜진

편집진행 및 교정 · 심은정 | 전산편집 · 수디자인 | 일러스트 · 이창우
CTP 출력 및 인쇄 · 교보피앤비 | 제본 · 경문제책

ISBN 979-11-6521-189-9 03590
(길벗 도서번호 050148)

독자의 1초를 아껴주는 정성 길벗출판사

||| (주)도서출판 길벗 ||| IT실용, IT/일반 수험서, 경제경영, 취미실용, 인문교양(더퀘스트), 자녀교육 www.gilbut.co.kr
||| 길벗이지톡 ||| 어학단행본, 어학수험서 www.gilbut.co.kr
||| 길벗스쿨 ||| 국어학습, 수학학습, 어린이교양, 주니어 어학학습, 교과서 www.gilbutschool.co.kr

이 도서의 국립중앙도서관 출판예정도서목록(CIP)은 서지정보유통지원시스템
홈페이지(http://seoji.nl.go.kr)와 국가자료종합목록 구축시스템(http://kolis-
net.nl.go.kr)에서 이용하실 수 있습니다. (CIP제어번호 : CIP2020022941)

초등 엄마 말의 힘

베테랑 현직 교사가
알려주는 초등 대화법

김선호(초등교육 전문가) 지음

길벗

아이를 말의 틀에 가둬선 안 된다

초등 엄마의 말은 그 자체로 권력을 가집니다. 사회적으로 어느 정도 지위에 있는 자만 권력을 휘두르는 게 아닙니다. 권력은 소통을 위해 엄마와 아빠가 매일 가정에서 하는 말에 가장 많이 담겨 있습니다. 무심코 한 말이 아이의 마음을 어루만져주고 힘을 북돋아주며 모르는 것을 깨우쳐줄 수도 있지만 때로는 의도치 않은 상처를 주기도 합니다. 엄마가 된 지금, 자신의 엄마가 과거에 해준 말들을 떠올려보세요. 그 말들이 현재의 나를 만든 데 얼마나 많은 영향을 미쳤는가도 생각해보세요.

"너는 도대체 누굴 닮아서 이렇게 꿈뜨니."
"그건 나쁜 짓이라고 했잖아."

"엄마 말을 안 들으면 착한 아이가 아니야."

"너만 없었어도, 정말!"

아이가 엄마 마음대로 움직이지 않아서, 기대한 만큼 따라주지 않아서, 단순히 화가 나서 던진 한마디에 아이 마음은 멍듭니다. 엄마는 억울합니다. 욕이나 학대를 한 적도 없고 그저 아이가 잘되기만을 바라서 한 말이 더 많은데 그러면 도대체 어떻게 아이에게 말을 걸고 대화를 해 이끌어 가야 할지 막막하기만 합니다.

부모로서 말로 규정하거나 판단 짓지 않는 태도를 갖는 것이 중요합니다. 아이를 어떤 틀 안에 가두지 않고 스스로 행위에 대해 옳고 그름을 사고하도록 공간을 열어주어야 합니다.

"왜 그런 행동을 했을까? 그만한 이유가 있겠지? 그 행동이 어떤 의미인지 같이 생각해보자."

말이 폭력이 될 수 있음은 누구나 압니다. 부모의 권위나 위치에서 빠져나갈 수 없는 통제와 강압의 말을 하면 아이는 자라서도 권위자나 상사의 말에 갇혀 스스로의 말을 할 수 없습니다. 아이가 자유롭게 자라서 자기 할 말은 똑 부러지게 하며 자신의 삶을 마음껏 펼치길 원한다면 엄마 말의 힘을 깨달아야 합니다.

상담실에서 10여 년간 만나왔던 무수한 대화 안에서 부모가 무심

코 한 말이나 혹은 부모가 강요한 의미에 아이의 삶 전체가 갇히는 고통을 아프게 보아왔습니다. 모든 것을 알고 완벽하게 좋은 언어로만 아이들과 대화할 수 없지만 엄마의 언어습관이 아이와의 관계를 어느 방향으로 이끄는지 생각해보아야 합니다. 한번 뱉은 말은 주워 담을 수 없지만 끝없이 쏟아내는 우리의 말을 고쳐 쓰고 새롭게 쓰기를 시도할 수는 있습니다.

엄마와 아이의 소중한 대화를 이 책을 통해 새롭게 써나가기를 응원합니다. 물론 아빠가 아이에게 하는 말의 중요함도 잊지 말고 아빠 말의 힘도 깨달아야 합니다.

심리클리닉 '피안(彼岸)'
박우란(정신분석 상담전문가)

맨 처음에
엄마의 소리가 있었다

수천 년 동안 나라 없이 떠돌다 드디어 '국가'를 탄생시킨 유대인은 너나할 것 없이 그곳으로 달려갔습니다. 그런데 문제가 생겼습니다. 어떤 기준으로 유대인인지 판단하고 이스라엘 국민으로 인정해주어야 하는지 논쟁이 생겼습니다. 그 기준에 따라 전 세계의 유대인 중 이스라엘 국민이 될 자격을 받느냐 못 받느냐가 정해지기 때문입니다. 깊은 논의 끝에 그들은 이렇게 정했습니다.

"부모 중 엄마가 유대인이면 그 사람은 유대인으로 인정한다."

왜 그들은 '엄마'를 유대인의 기준으로 삼았을까요? 유대인은 유대인의 정신, 특히 종교적 신념을 중요시합니다. 그들은 그 신념과 정신이 엄마의 말을 통해 전해진다고 생각했습니다.

과학적으로 접근해보겠습니다. 아이가 엄마 뱃속에 있을 때, 온 사방은 캄캄합니다. 자궁은 작은 방과 같아서 외부로부터 보호됩니다. 아이가 맨 처음 감각적으로 느낄 수 있는 건 '소리'입니다. 뱃속에서 태어나는 순간까지 줄곧 엄마의 심장 박동 뛰는 소리를 듣습니다. 그리고 점차 엄마의 목소리를 인지합니다. 그 소리를 깜깜한 뱃속에서 약 266일 동안 듣고 세상으로 나옵니다. 아이들이 태어나서 엄마를 절대적으로 믿을 수밖에 없는 이유는, 그들을 뱃속에서 지켜준 게 엄마의 소리였기 때문입니다.

《성서》에서는 소리에 대해 이렇게 말합니다.

"맨 처음에 로고스가 있었다."

로고스(λόγος, logos)는 고대 희랍어로 '말, 언어'를 뜻합니다. 즉 "맨 처음에 '말, 언어'가 있었다"는 표현이지요. 여기서 '말'에는 무언가 존재하게 하기도 하고 소멸하게도 하는 '힘'이 들어 있음을 의미합니다. 저는 교육자로서 이 구절을 이렇게 바꾸고 싶습니다.

"맨 처음에 엄마의 소리가 있었다."

'엄마 소리', 더 나아가 '엄마의 말'에는 상상 그 이상의 '힘'이 들어 있습니다. 살아 있음에도 존재하느냐 존재하지 못하게 하느냐의 '권력'이 엄마 말에 있습니다. 아이를 더 단단하고 존재감 있게, 자기가 하고 싶은 말은 똑 부러지게 하도록 키우는 엄마 말의 무게감을 알고 이 책을 읽으시길 바랍니다. 이 책을 통해 여러분들이 그 무게감을 직시하고 한결 가벼워지시길 응원합니다.

아무 소리도 들리지 않는 새벽 3시,
서재에서 김선호 드림

| PART 1 | **초등 자녀와 대화하기 - 기초편**

 1장   초등 자녀와의 대화, 마음 준비부터 시작이다

: 제1화 〈말 없는 가족〉

| PART 1 |

초등 자녀와 대화하기
-기초편

1장

초등 자녀와의 대화,
마음 준비부터 시작이다

: 제1화 :
말 없는 가족

지금까지
이런 대화는 없었다

그들은 진실을 거의 한마디도 말하지 않았습니다.

—— 플라톤, 《소크라테스의 변명》 중에서 ——

배우 류승룡이 고개 숙인 채 스마트폰에 속삭인 한마디 대사가 대한 민국을 들썩거리게 했다.

"지금까지 이런 치킨은 없었다."

'수원 왕갈비통닭.' 그런 치킨이 있기는 할까? 영화 속 대사를 놓고 팩트 체크까지 할 필요는 없을 것이다. 하지만 영화 〈극한 직업〉의 이 명대사는 교실 속 초등학생들의 입에 다양하게 변주되어 오르내렸다.

"지금까지 이런 숙제는 없었다."
"지금까지 이런 수행평가는 없었다."
"지금까지 이런 급식은 없었다."
"지금까지 이런 절친은 없었다."
"지금까지 이런 삼각김밥은 없었다."

더불어 이 말을 하고 나서의 결말은 늘 똑같았다. 아이들은 입을 모아 외친다.
"쌤~ 치킨 사줘요. 수원 왕갈비통닭이요."
서른 명 가까운 먹성 넘치는 학급 아이들에게 치킨을 쏘는 건 무모하고 멍청한 일이다. 주머니 사정도 문제지만, 그랬다간 당장 전

교에 소문난다. 온 학급에서 담임에게 너도나도 사달라고 난리칠 게 뻔하다. 김쌤은 사줬는데 선생님은 왜 안 사주냐고 떼쓰는 건 당연한 수순이다. 그랬다간 다른 동료 교사들의 눈총에서 살아남을 수 없다. 총각 선생 중에 가끔씩 호기를 부리는 이들이 있다. 그들 덕분에 중년의 염려 많은 교사는 초등 아이들에게 늘 찌질하다는 인상을 얻는다. 그래서 현명하게 말한다.

"지금까지 학교에 외부음식을 반입한 적은 없었다."

1장 초등 자녀와의 대화, 마음 준비부터 시작이다

요즘 아이들은 쉽게 물러서지 않는 종족들이다.

"에이, 그럼 저번에 그 초코파이는 뭐예요!"

물론 준비된 선생님에게는 항상 준비된 답변이 있다.

"그건 교장 선생님이 쏜 거다. 교장 쌤은 가능하다."

실제 교실 아이들과 나눈 대화다. 담임교사와 아이들 간의 대화에서 무엇이 보이는지 궁금하다. 아이들과 농담을 주고받는 친교의 모습이 보였다면 당신은 참 따뜻하고 좋은 사람이다. 농담과 진담이 섞여 있는 과정에 심리적 욕망들이 보였다면, 일단 심리상담사 3급 자격증을 주고 싶다. 그 욕망을 취하고자 사용한 심리적 능동공격이 보였다면 심리상담사 2급이다. 그 능동공격에 유머와 위트로 능수능란하게 대응하는 방어기제가 보였다면 심리상담사 1급이다. 하지만 아직 한 단계가 더 남았다.

대화 속에서 그저 아무 말도 하지 않고 선생님의 허락을 받아내고자, 아이들을 선동하고 있는 또 다른 아이의 눈동자가 떠올랐다면 당신은 '정신분석가'다.

교실 속 진짜 대화는 말하지 않는 아이들에 의해 좌우된다. 그 아이들은 지금까지 듣도 보도 못한 '말 없는 대화'로 분위기를 주도한다. 교실 속 집단 무의식을 묵언만으로 흔들어대는 아이들, 솔직히 무섭다. 그들을 상대하려면 내 무의식부터 살펴야 한다. 그 아이들을 이길 수 있는지 없는지 무의식은 한 번에 알아챈다. 내 의식만 그

걸 모른 채 입으로 호들갑을 떤다.

지금까지 초등 자녀가 말하고 표현하는 것에 초점을 맞춘 대화를 해왔다면, 더불어 그 대화에서 무언가 이루었다고 생각한다면, 내 무의식에 속았고, 자녀의 심층 무의식에 한 번 더 속았다. 그간 해왔던 모든 대화는 잊어주길 바란다. 그건 진실이 아니다. 진실은 대화 속에 있지 않다.

"진실은 대화와 대화 사이 말 없는 '간극'에 존재한다."

간극 속에 오고간 말없는 쟁탈전이 진실이다. 그 간극을 이해하면 지금까지 해보지 못한 대화를 시작하게 된다. 진실이 시작된다. 많이 아프고, 더없이 부끄러우며, 지독한 해방감을 맛본다.

미국의 영화배우 데인 드한(〈발레리안: 천 개 행성의 도시〉 출연)은 한국의 한 언론사 인터뷰에서 이렇게 말했다.

"저는 〈오즈의 마법사〉 강아지 토토 역할로 연기를 시작했지요. 인간의 내면에는 작은 강아지가 있다고 믿어요. 본능, 충동, 그리고 예측 불가능이죠."

인간 무의식 속 '작은 강아지', 참 기특한 표현이다. 앞으로 이 책에서는 '강아지'란 표현을 자주 쓸 예정이다. 그 강아지는 늘 대화에 끼어든다. 그런데 강아지가 말하는 것을 들으려면, 앞에서 언급한 말 사이의 간극을 견뎌야 한다.

지금까지 한 번도 해보지 못한 강아지와의 대화, 지금부터 출발이다.

"지금까지 이런 대화는 없었다."

02

엄마도 초등 자녀와
대화가 두렵다

나는 내가 제일 무섭다.

──── 현대 하이카 광고 중에서 ────

'초등 사춘기-엄마를 이기는 아이가 세상을 이긴다' 강연을 할 때의 일이다. 학부모가 질문을 했다.

"사춘기 자녀와 대화하는 법을 구체적으로 알려주세요."
내 대답은 늘 간결하고 한결같다.
"그 종족들은 우리와의 대화를 원하지 않습니다."

사춘기 초등 자녀와 대화를 시도하는 것 자체가 위험을 초래하는 일이다. 그 학부모는 왜 자녀와 대화하는 법을 질문했을까? 상대방이 대화를 원하지 않는데 말을 거는 건 싸우자는 거다. 그러면 학부모의 질문은 이렇게 바뀐다.

"사춘기 자녀와 싸우는 법을 알려주세요."
이제 대답이 달라진다.
"싸우지 마세요."

초등 자녀와 싸우지 않을 자신이 있다면 대화를 시작해도 좋다. 그렇지 않다면 섣불리 대화를 시도하지 말자. 의도를 지닌 대화는 전쟁을 선포하는 것과 같다. 내가 지금부터 너를 함락시킬 테니 순순히 말 들으라는 거다.
아이들은 이에 멋지게 응수한다.

"짜증 나~."

대화하는 '법'을 배우려 해서는 안 된다. 그 대화법을 알고자 했던 '본의(本意)'부터 살펴야 한다. 내가 '초등 대화법'을 주제로 한 이 책을 구매한 이유가 무엇인지 잠시 책을 놓고 2초간 떠올려보기 바란다. 오래 끌 필요가 없다. 2초다. 순간 어떤 대답이 나왔는가?

"아이랑 친구처럼, 사이좋게 지내려고요."
"서로 마음을 터놓고 얘기하면 좋잖아요."
"아이에게 상처 주지 않으려고요."

이와 비슷한 뉘앙스로 말했다면 읽던 책을 내려놓고 명상을 하든, 산책을 하든 어디 혼자 다녀오기 바란다. 최소 한 시간은 딴짓을 하고 와야 한다. 아직 대화의 간극을 읽어내려 하지 않는다. 지금 이 책의 저자와 마주하고 있지 않다.

혼자 있다. 혼자 있는데도 방어적으로 대답할 필요는 없다. 다시 질문한다. 《초등 엄마 말의 힘》 책을 산 이유가 무엇인가?

"아이가 말을 안 들어서요."
"아이가 걱정돼서요."

아까보다는 낫다. 그래도 30분 정도 혼자 있는 시간을 피할 수는 없다. 한 번 더 질문한다. 내가 많은 자녀교육서 중에 하필 '초등 대화법'을 선택한 이유가 무엇인가? 왜 이걸 집어 들었는가? 왜 그 순간 이걸 주문했는가?

"두려워서요."
"힘들어서요."

이제 이 책을 계속 읽어나갈 마음의 준비가 되었다. 지금부터 무장을 해제한다. 어차피 혼자 읽는다. 누가 보지도 않는다. 깐깐한 저자가 자꾸 질문을 해서 옆에 있는 듯 거슬리지만, 어차피 지금 나는 혼자다. 그리고 왜 대화를 하고 싶은지 이유를 알았다. 두려워서다. 힘들어서다. 누가? 내가. 원인은 '나' 때문이다.

아이를 위해 대화법을 배운다는 표면의 소리들은 진실이 아니다. 그 진실이 아닌 것을 출발점으로 삼으면 백날 배우고, 강연 듣고, 정보를 찾아 헤매도 소용없다. 내가 너 때문에 이 책을 샀고, 너 때문에 내 시간 이 책을 읽는 데 썼으니, 결국 대화는 보상을 요구하게 된다. 더 나아가 그 보상이 주어지지 않을 때 대화는 공격으로 바뀐다. 대화법으로 익힌 아주 고급 방법을 써서 치밀하게 가격한다.

분명한 건 대화의 이유를 아이에게 두는 한, 아이는 내 대화로 바뀌지 않는다는 점이다. 대화를 배우고자 한 이유는 '두려워하는 나',

'힘들어하는 나' 때문이다. 내가 두려워하는 것, 힘들어하는 것을 없애는 것이 대화의 목적이다. 아이를 위한 것이 아닌 나를 위한 대화, 그것을 찾으려 이 책을 들었다.

이제 대화의 목적을 찾았다. 하지만 만만치 않은 여정이 시작될 것이다.

'아이가 아닌, 나를 위한 대화법'

이건 거울 없이 내 얼굴을 보려고 시도하는 것과 같다. 그래서 대화는 가장 어렵고 두렵다.

걱정하지 말자. 첫 번째 간극은 넘었다. 대화법을 집어든 원인, 그 '두려움'을 마주할 용기만 챙기면 된다. 당신이 이 책을 집어든 '말 없는 순간', 이미 용기 있음이 증명되었다. 이 말은 믿어도 된다.

03

엄마 대화와 아이 대화는
자석의 양극이다

내 ~ 속엔 내가 너무도 많아서

당신의 쉴 곳 없네.

—— 하덕규 작사 작곡, 〈가시나무〉 중에서 ——

힘들다는 걸 알았다. 두렵다는 것도 알았다. 누군가에게 말하진 않았다. 어차피 알아주는 사람도 없다. 있다 해도 말하기 싫다. 자존심도 상하고, 말해봤자 돌아오는 건 진정성 없는 대답뿐이다.

"음~ 힘들었겠구나."

그래서, 뭐, 어쩌라는 건지….

진실이 느껴지지 않는 빈 공감에 허탈함만 몰려온다.

이제 되돌아보자. 그래도 나는 대화를 하려 했다. 남편에게 하는 건 포기한 지 오래고, 시어머니는 원래 대화가 안 됐고, 친정엄마는 아직까지 간섭과 걱정투성이다. 결국 우리 아들, 우리 딸에게 대화를 하려 했다. 그게 잘 안 되어 '초등 대화법' 책을 집어 들었다. 그런데 알았다. 그것이 아이를 위한 것이 아닌, 내가 두렵고 힘들었기 때문이라는 걸. 그렇다면 그간의 대화는 내가 위로받고자 한 것이었다. 누구에게서? 우리 아들, 딸에게서.

질문을 던져본다. 아들과 딸은 내가 말을 걸었을 때 왜 나와 짧게라도 대화를 했을까? 이제 감이 잡히는가? 그 지극히 짧은 몇 초 안 되는 대화의 간극에서 서로가 원했던 것을? 그들도 위로를 원했다. 그들도 힘들고, 지치고, 미래가 두렵다. 해야 할 것들은 많다는데 어찌해야 할지 모르겠고, 친구들은 자꾸 따시키는 것 같고, 선생님도 교실에서 우리보다 스마트폰을 더 많이 보는 것 같고…. 나(아이)에게 시선을 주고 관심을 가져주는 사람은 카톡 속에만 있다. 물론 거기서도 각자 자기 할 말들을 하느라 난리다.

대화라는 이름으로 서로 위로받고자 했으나, 위로를 줄 사람은 없었다. 그래서 대화가 3초를 넘기기 어려웠다. 3초도 길다. 0.5초 만에 끝난다.

"주스 마셔."

"됐어."

0.5초 만에 끝나는 대화의 그 짧은 간극 속에 소리 없이 숨어 있는 내면의 '강아지' 목소리를 들어본다.

"주스 마셔."

(주스 마시고 엄마 얘기 좀 들어볼래?)

(엄마가 말야, 요즘에 아빠랑…)

(엄마가 말야, 요즘에 회사에서 김 부장이라는 사람이…)

(엄마가 궁금해서 그러는데, 너 요즘 공부는 좀…)

(엄마가 요즘 좀 지치고 가끔 멍 때리기도 하는 시간이…)

"됐어."

(엄마, 나도 요즘 피곤하고 짜증 나거든.)

(주스 같은 거 필요 없고, 뭐 라면이나 삼각김밥 같은 거 그런 걸 원해.)

(엄마, 그나마 카톡하면서 친구랑 얘기하는 게 좋아. 방에 갈게.)

(대화한다고서 쓸데없는 거 자꾸 묻지 않았으면 해.)

내가 위로받으려면, 상대방이 나 때문에 아파야 한다. 상대방이 나 때문에 아파하는 것을 보고 위로를 받는다. 그런데 아이는 나 때문에 아플 준비가 안 되어 있다. 나도 아이 때문에 아플 준비가 안 되어 있다. 그냥 각자 내가 원래 아프고 힘들 뿐이다.

누군가에게 위로를 주려면 일단 내가 아프지 않아야 한다. 그래야 내 아픔이 아닌, 타인의 아픔 때문에 내가 아플 수 있다. 그러면 그 순간 타인에게 위로를 준다. 내가 아프지 않으려면 어떻게 해야 하는가?

아픈 원인, 상처를 찾아 위로해주어야 한다. 내가 아픈 나를 위로해주어야 한다. 나에겐 두 명의 내가 있다.

상처를 끌어안고 있는 나
VS
상처를 끌어안고 있는 나를 바라보는 나

꿈속에서 누군가를 끌어안고 울어준 적이 있는가? 있다면 그 대상이 기억나는가? 분명 내가 아닌 누군가였는데….

꿈속의 나는 나로 등장하지 않을 때가 많다. 꿈속의 대상을 보는 내가 있다. 그 대상이 '나'라는 것을 꿈속에서조차 모르게 한다. 그리고 그(나)를 울면서 끌어안는다. 나를 위로하고, 위로받고자 벌이는 무의식의 치밀한 자작극이다. 나를 위로해주는 건 이렇게 어렵고 두렵다.

안타깝게도 엄마인 내가 대화를 하려는 목적과 아이가 대화를 하려는 목적이 같다. 자석의 같은 극이다. 그래서 밀어낼 수밖에 없다. 대화가 가능하려면, 그 안에서 위로를 주고받으려면 내가 상처가 없든지, 아이가 상처가 없어야 가능하다. 그렇지 않으면 서로 밀어내거나, 혹은 한쪽에서 억지로 당기려 하면 결국 둘 다 상처만 커진다.

좋은 정신분석가는 상담자가 스스로를 만나 화해하고 위로하게 해주는 안내자 역할을 한다. 좋은 책도 그런 역할을 해준다. 혼자만의 시간도 도움을 준다. 미술관 그림들도 도움을 준다. 자녀와 대화하기에 앞서 그런 시간을 충분히 갖자.

이때 한 가지 조심할 것이 있다. 낯선 남자와 낯선 여자. 조심하고 싶지 않다면 선택에 맡기겠다. 선택에 따른 책임은 본인 몫이다. 자녀와의 대화는 더 어려워질 수 있다.

자녀와 대화하고 싶다면
먼저 기다린다

그녀가 말하지만 아직 말하지 않고 있다는 느낌이

그에게 자주 들었다. 그는 기다리고 있었던 것이다.

그는 그녀와 함께 갇혀서

기다림이라는 불안정한 거대한 순환운동에 들어가 있었다.

—— 모리스 블랑쇼, 《기다림 망각》 중에서 ——

누군가를 만나려고 집을 나선다. 그런데 생각보다 30분이나 일찍 약속장소에 도착했다. 근처 커피숍에 들어가 아이스커피를 한 잔 시킨다. 혼자 자리에 앉아 있는데 주변 사람들은 둘, 셋씩 짝을 지어 즐겁게 대화를 나눈다. 혼자 있는 멋쩍음을 무마하려 스마트폰을 켠다. 외부와 단절을 의미하는 이어폰을 끼고 스마트폰을 보면서 기다린다. 이리저리 유튜브, 뉴스거리를 찾아 헤맨다. 늘 보던 거라 더 이상 볼 이야깃거리도 없다. 그렇게 기다리는 데 문득 괜히 일찍 나왔나 싶을 정도로 지루하다.

그렇다면 스마트폰을 끄고, 눈을 감고 곰곰이 되짚어볼 필요가 있다.

'내가 이 사람을 왜 만나러 나왔나?'
'내가 이 사람과 원하는 대화는 무엇인가?'
'나는 이 사람과 대화를 원하긴 하는가?'
'그냥 혼자 있기도 심심하니 나온 것뿐인가?'

곧 만날 사람을 떠올려도 그 기다리는 시간이 지루하다면, 당신이 별로 만나고 싶지 않거나, 만나도 그만 안 만나도 그만인 사람이라는 뜻이다. 혹은 비즈니스상 어쩔 수 없이 봐야 하는 당위적 만남일 뿐이다. 그런 사람들과 시간을 보내고, 대화를 하고 나면 그 속에 '나'는 없다. 표면상 대화를 하고 있는 허상인 '나'만 있을 뿐이다. 대화의 간극을 읽어나가려 심리적 에너지를 쓸 필요도 없다. 어차피 스쳐 지나가도 될 순간들이다.

그런 시간들이 많아지면 '나'의 존재감이 서서히 사라져간다. 그 생활이 반복되면, 간극을 읽어가며 대화해야 하는 소중한 상대를 만나도 내 존재가 사라진 언어만 내뱉게 된다. 이전에 사랑했던 그 사람도, 만나도 그만 안 만나도 그만인 사람으로 바뀐다.

같이 살고 있는 남편은 이미 결혼 전 연애 3년차에 그렇게 되었다. 지금은 약속시간이 남아서 기다리다 보면 짜증이 날 정도다. 나보다 항상 먼저 나와 기다리던 성실한 그 남자는 없고, 늘 허둥지둥 배 뽈록 나온 남자만 남았다. 그래도 봐줄 수 있는 건, 가정을 위해 책임을 다하려 애쓰는 모습이 조금은 안쓰럽고 애잔해서일까?

역시 엄마로서 기다림이 즐거운 대상은 아이들뿐이다. 어두워진 저녁, 학원에서 얼른 돌아오기를 기다리며 뭘 해주면 아이들이 지친 하루 끝에 '역시 엄마가 최고야'라고 말해줄지 기대한다. 아직 존재감 있는 '나'로 대화하고 싶은 대상이 있는 것만으로도 살아 있음을 느낀다. 그래서 엄마라는 이름을 나에게서 떼어내고 싶지 않다. (아이를 마중 나가는 것도, 집에서 그들이 돌아오길 기다리는 시간도 별 감각이 없고 지루하다면… 그들과 대화를 피하는 것이 좋다. 그들에게마저 존재감 없이 대화하는 순간 내가 설 곳은 우울의 늪뿐이다.)

자녀와 대화하고 싶다면, 다가가기에 앞서 먼저 그들을 기다리는 시간을 확보해야 한다. 그 시간은 대화의 간극들을 연습하게 해준다. 대화가 아닌 '너'를 기다리는 나의 몸을 만든다. 대화의 간극은 말이 아닌 몸으로 전달되기에, 대화 전에 내 몸을 만들 기다림이 필요하다.

그러한 기다림 후에, 차문을 열고 뒷좌석에 앉는 아이를 바라보는 엄마의 눈동자는 이미 말 없는 아이의 간극을 알아차린다. 그리고 과감히 결정할 수 있다. 오늘은 말없이 집으로 데려가 주어야겠다는 선택을 한다. 엄마 차 뒷좌석에서 조용히 이어폰으로 음악을 들으며 혼자 있는 아이를 아픈 마음으로 기다린다. 간극의 대화는 그렇게 서서히 시작된다.

기다리는 건 부모만이 아니다. 아이도 우리를 기다린다. 이어폰을 끼고 음악을 듣고 스마트폰을 보면서도 기다린다. 평소와 달리 말없이 운전하는 엄마의 뒷모습에서 안정감을 얻는다. 서서히 엄마에게 말해도 될 것 같다는 생각이 든다. 용기 내어 말해본다.

"엄마… 나 스마트폰 바꿔주면 안 돼?"

갑자기 그간의 기다림이 무색해지면서 욱! 하고 뭔가 올라온다. 그렇다고 룸미러를 통해 차가운 눈으로 아이를 바라보며 안 된다고 말하면 모든 기다림이 물거품된다.

간극을 읽어야 한다.

(아무 말 없이 집으로 가는 엄마 마음이 편해 보이는데… 그럼 시도해 볼까?)

"엄마… 나 스마트폰 바꿔주면 안 돼?"

(스마트폰 사주면 내 기분도 좋아지고, 엄마 말도 잘 들을 것 같은 데…)

이 간극 사이를 방어기제를 사용하며 잘 빠져나와야 한다. 정면 만 바라보며, 핸들을 살짝 쥐면서 말해준다.

1장 초등 자녀와의 대화, 마음 준비부터 시작이다

(네가 엄마의 기다림을 알아차렸구나. 그렇다고 그걸 이용하면 안 돼지.)

"이런… 저 차가 왜 이래…. 왜 이리 바짝 붙어…."

(영희야, 간격 적당히 유지해라.)

"음… 영희야, 요즘 생활비가 좀 빠듯해. 연말에 아빠 보너스 타면 그때 바꿔줄게. 3개월만 기다려."

(앞으로 3개월은 내가 대화 주도권을 가져가마.)

"웅." (그래, 3개월이면 나도 기다릴 만하지.)

대화를 기다리며 만들어낸 간극을 강아지(무의식)가 꼬리치며 이용하기 시작한다. 그 이용을 바로 수용하지도, 바로 내치지도 말고, 적당한 방어로 상황을 지연시킨다. 대화 주도권 3개월이면 꽤 좋은 수익이다.

 추상적 사고를 하는 아이들과의 대화법

Q. 일단 '추상적'이라는 단어를 들으면 뭔가 '난해하다'는 생각이 드는데요…. 아이들은 언제부터 '추상적 사고'를 하기 시작하나요?

보통 영유아기에는 직관적 사고에 의존하고 유치원에서 초등 저학년 정도까지의 시기에는 구체적 사고에 집중합니다. 그리고 초등 중학년 이상, 즉 4~5학년 때부터 급속도로 '추상적 사고'로 확대됩니다. 부모가 자녀를 교육하는 데 지금까지 전혀 느껴보지 못한 새로운 국면으로 접어듭니다. 부모인 내가 변한 것인지, 자녀가 변한 것인지 잘 구분이 안 되기 시작하죠. 이때부터 부모는 자녀와 뭔가 대화가 안 된다고 느끼기 시작합니다.

Q. 대화가 잘 안 된다고 느끼는 이유는 뭐죠?

추상적인 사고를 한다는 건, 마음 안에 자기만의 공간을 만들기 시작했다는 것과 같습니다. 구체적이지도, 객관적일 필요도 없는 자신만의 애매모호한 것들을 잔뜩 창고 속에 모아놓죠. 이러한 주관적 사유들 때문에 부모가 접근하기 어렵습니다. 부모 입장에서는 추상적 사고의 시작이 초등 사춘기의 전조현상으로 보이기도 합니다.

Q. 부모 입장에서는 자녀가 추상적 사고를 하는 게 꼭 반갑지만은 않겠어요.

정확히 표현하면 반갑지 않다기보다 어찌 해야 할지를 잘 모르는… 당황스러움이라고 해야 할 겁니다. 내 자녀가 추상적 사고를 하기 전에는 스킨십하고, 안아주며 상호작용하는 것으로 충분하지요. 하지만 이제는 그걸로 부족합니다. 그래서 본격적으로 자녀와 대화하는 법을 익혀야 합니다. 그런데 대부분 대화법을 익히기보다 대화를 강요하시죠.

Q. 그렇다면 추상적 사고를 하기 시작하는 자녀와 대화할 때 어떻게 다가가야 하나요?

빠른 대답을 요구하지 않아야 합니다. 추상적 사고를 하면서부터 아이들은 생각이 많아지기 시작합니다. 그래서 뭘 물어봐도 금방 대답하지 않습니다. 한참 생각을 한 듯하다가 대답을 해도 뭔가 시원하게 말해주지 않습니다. 인내심을 갖고 기다린 대답이 "잘 모르겠는데요"인 경우도 많습니다. 부모 입장에서는 무척 답답하지요. 갑자기 똘똘했던 아이가 바보가 된 듯한 생각마저 듭니다. 이때 빠른 대답을 강요하지 말고, 스스로 추상화된 상황을 정리해 대답할 시간적 여유를 주는 것이 좋습니다. 그런 여유를 주면 이제 아이들이 논리성을 갖추고 치고 들어오지요. 추상적 사고의 시작을 넘어 왕성해지는 시기를 만나게 됩니다.

Q. 자녀와 대화하다 보면 말문이 막힐 정도로 아이가 논리적으로 따지고 든다는 분들이 있는데…. 그렇게 추상적 사고가 왕성해진 아이와 대화를 잘하는 방법이 있나요?

'논리적으로 부모가 밀릴 수도 있구나'를 인정하고 대화를 시작하세요. 어리다고 생각했던 자녀에게 어느 순간 허를 찔리는 듯할 때, 이를 인정하고 자녀의 기를 세워주기가 쉽지 않습니다. 자존심이 상해 얼굴이 붉어지기도 하지요. 그래서 보통 이렇게 말씀하십니다. "꼬박꼬박 말대꾸하지 말고 방에 들어가 숙제나 해."

진정성 있는 변화는 상대방의 논리를 인정하는 순간 이루어집니다. 내 자녀를 대화로 더 멋지게 성장, 변화시키고 싶다면 추상적 사고가 시작되는 시점이 기회입니다. 그들의 논리를 인정해주어야 합니다. 이러다 부모 머리 위로 올라갈 것 같은 두려움은 잠시 내려놓고 말이죠.

Q. 그렇군요. 부모와의 관계 외에 추상적 사고가 확대되는 시기에 친구들 관계도 뭔가 변화가 있을 것 같은데요.

네, 아주 중대한 변화가 생깁니다. 바로 또래집단의 형성입니다. 이전까지는 놀이 중심으로 상황에 따라 같이 노는 친구들이 변했지요. 하지만 이제부터는 사람 중심이 됩니다. 같이 노는 사람이 고정되고 그때그때 노는 것이 달라지지요.

Q. 추상적 사고를 하는 게 학습에도 영향을 미치나요?

네, 많은 영향을 미칩니다. 특히 긴 글쓰기가 가능해집니다. 그전까지는 짧은 스토리에 의존했다면, 추상적 사고를 하면서부터 글에 등장인물의 내적 변화를 표현할 수 있습니다. 또한 주관적 의견을 정리해 글을 완성하지요. 글 소재 역시 다양해집니다. 이전까지는 '거북이' 같은 구체적 소재로 문장을 구성했다면, 이제 '믿음'이라는 추상적 단어를 활용해 글을 쓸 수 있습니다.

수학에서 보면 숫자 1, 2, 3, 4…에만 의존하다가 아무것도 없는 0의 개념을 받아들이고, -1, -2, -3… 등 마이너스 숫자의 의미까지 알아갑니다. 엄청나게 사고력이 확대되지요. 특히 창의력에도 영향을 줍니다.

Q. 아이들의 추상적 사고가 어떻게 창의력과 연결이 되나요?

사실, 창의력과 연결되지 않는 사고는 없습니다. 직관적 사고, 구체적 사고, 추상적 사고 모두 창의력과 연결됩니다. 추상적 사고는 구체적이지 않은 단어를 가지고 사유합니다. 그래서 스스로 자신이 가지고 있는 부족함을 채우기 위해 '논리적'이라는 형식으로 구체화하려 애쓰지요.

이러한 논리적 태도는 과학과 수학에서 새로운 원리를 유추하고 확정 짓는 데 상당한 기여를 하지요. 추상적 사고는 새로운 원리를 찾아내는 창의력과 잘 연결됩니다.

Q. 근데 뭐든 빠른 아이도 있고 늦된 아이들도 있잖아요. 추상적 사고를 시작하는 시기도 개인차가 있을 텐데… 어떤가요?

네, 아이들마다 분명하게 차이가 납니다. 보통 여학생들이 좀 더 빠릅니다. 하지만 6학년 정도 되었는데도 구체적 사고에 의존하면 친구들 간에 '좀 유치한 아이'로 보이는 경우가 있습니다. 학습에 있어서는 개념 이해에 어려움을 겪게 되고요. 복잡한 문제 상황을 회피하게도 되는데 아직 복잡미묘한 상황을 이해하고 바라볼 여력이 없는 거죠.

Q. '내 아이는 추상적 사고가 늦어지는 것 같아서 걱정인데…' 이런 분들은 어떻게 해야 하나요?

추상적 사고는 상당 부분 '언어'에 의존합니다. 자녀에게 책 읽어주기를 소홀히 했거나 주변 환경, 사건, 상황들에 대한 설명이 부족할 때, 아이의 어휘력이 극히 제한됩니다. 본인이 활용할 수 있는 단어가 부족하면 추상적 사고는 작용을 할 수가 없습니다. 자녀가 모르는 단어, 혹은 어떤 현상에 대해 궁금해할 때 평소 충분히 설명을 해주어야 합니다.

또한 일상에서 느껴지는 구체적인 욕구들을 추상적 대화로 바꾸어주는 방법도 있습니다.

Q. 구체적 욕구를 추상적 대화로 바꾸어준다? 이 말이 어려운데요, 좀 풀어서 설명해주세요.

예, 이런 겁니다. 아이가 "엄마, 배고파"라고 이야기합니다. 그러면 보통 엄마는 "그래, 금방 밥해줄게"라고 하죠. 하지만 추상적 사고가 늦다고 생각되는 아이에게는 이렇게 대답을 해주는 겁니다. "밥을 하려면 최소한 30분은 걸리는데 그때까지 참고 기다릴 수 있겠어?"

배고프다는 단순한 욕구를 채워주기 앞서 아이가 추상적 사고를 하도록 변화를 준 거죠. 30분이라는 시간 개념과 참고 기다린다는 인내의 상황을 떠올리도록요.

Q. **그럼, 추상적 사고를 빨리 시작하는 게 아이에게 좋은 건가요?**

사고의 확대 측면에서는 좀 더 자유로워지기 때문에 빨리 시작하는 것이 좋은 듯 보입니다. 그러나 아직 주변 친구들은 구체적인 것들에 몰두하고 즐거워하지요. 추상적 사고를 너무 일찍 시작하면 아이가 외롭습니다. 혼자만의 세계에 몰입하는 경향을 보일 수도 있습니다. 구체적인 상황에서 관심이 멀어지면서 주변에 덜 민감해지죠. '멍'하니 있는 시간도 늘어납니다. 추상적 사고에 너무 빨리 몰입하고 집중하면 현실과 괴리감을 느낄 수 있어 주의해야 합니다.

Q. **추상적 사고를 하기 시작하는 아이들의 장점이 있다면 뭘까요?**

의심을 할 수 있다는 겁니다. 그동안은 보고 들은 대로 믿었지만 이제 그게 전부가 아님을 알게 된 거죠. 이때부터 어떤 일이든 더 깊이 있게 파고들 준비가 되는 겁니다. 복잡한 상황을 마주할 수 있죠. 문제는 이때 주변 환경이 강압적이면 무척 힘들어한다는 겁니다. 구속되는 느낌에 답답해하고 뛰쳐나가고 싶다는 생각이 들지요.

Q. 추상적 사고를 시작하는 초등 4~6학년 자녀를 둔 부모님께 한 말씀해주시죠.

차를 타고 이동 중, 자녀가 뒷좌석에서 이어폰을 끼고 고개를 끄덕이며 창밖을 바라보는 모습을 많이 볼 겁니다. 공부할 게 갑자기 많아지는데 이 와중에 초등 고학년 아이들은 가요를 즐겨 듣기 시작합니다. 자신의 감정을 울리는 추상적 단어들로 가득 찬 가사에 빠져들지요. 어른들이 말해주지 않는 단어들을 노랫말들이 대신 설명해줍니다. 그들은 추상적 단어에 곁들여진 리듬을 타면서 인생을 공부하는 중입니다. 이어폰을 뺏어버리고, 영어단어 CD를 틀어주고 싶은 충동은 잠시 내려놓기를 바랍니다. 내 자녀가 소년으로 남을지 더 성장할지는 '추상적 사고'에 달려 있습니다.

2장

아이와 대화한다,
고로 나는 엄마다

엄마의 대화
본능은 무엇인가

이드(Id), 자아, 초자아는

욕망과 현실, 이상의 사이에서

끊임없이 투쟁하며 갈등하는 관계에 있다.

그래서 어느 한쪽이 우세하면 그 속성을 띠게 된다.

—— 프로이트, 《꿈의 해석》 중에서 ——

진짜 대화는 '나'를 알고 나서부터 시작된다고 했다. 자아를 모른 채 하는 대화는 내 욕망이 아닌 어린 시절부터 각인된 타인의 욕망(다른 사람의 강아지)이 시키는 대로 하는 것뿐이다. 내가 어떤 사람인지부터 알아야 한다. 아무리 좋은, 새로운 대화법을 배워도 그 전제가 없으면 사실 의미가 없다. 내가 어떤 사람인지 알아내기 위한 많은 철학적 질문이 있다. 대표적인 질문들은 다음과 같다.

"나는 존재하는가?"
"나는 누구인가?"

철학의 역사에서 이 질문은 멈추지 않고 등장했고, 많은 철학자들이 이 질문에 답하려 죽도록 사유했다. 그러다 대부분 답하지 못한 채 정말로 죽었다. 그나마 데카르트라는 위대한 철학자가 한 마디를 남겼다.

"나는 생각한다. 고로 존재한다."

하지만 많은 사람들이 이러한 철학적 질문들에 흥미를 잃어갔다. 점차 철학과 삶이 멀어졌다. 당연한 수순이었다. 질문이 너무 모호했기 때문이다. 이에 새로운 사람이 나타나 생전 처음 보는 질문을 던졌다. 그는 철학자가 아니라 의사였다. 이름은 '프로이트'로 그는

'자아'를 찾기 위해 이렇게 질문을 던졌다.

"내 본능은 무엇인가?"

처음 이 질문을 세상에 던졌을 때, 많은 사람이 그를 이상한 눈으로 쳐다봤다. 밖으로 드러내면 안 되는 무언가를 들고 나온 사람처럼 바라보았다. 하지만 지금 사회는 그 질문을 통해 움직인다. '본능과 욕구', 개인이든 집단이든 이것에 따라 움직인다. 겉은 그런 모습

이 아닐 수도 있다. 하지만 내가 어떤 사람인지는 내 본능, 욕구에서부터 시작된다. 물론 그 욕구가 진짜 내 것인지, 아니면 어린 시절 엄마가 주입한 것인지 아직은 모른다. 그래두 일단 시작은 본능, 욕구부터다.

프로이트의 《꿈의 해석》에 따르면 자아는 '이드(Id)'로 이는 자동차의 속도와 방향을 통제하는 운전사와 같다고 한다. 이드는 일종의 정신적 에너지가 저장돼 있는 곳으로 본능의 지배를 받는다.

정리하자면 내 안에는 본능의 지배를 받는 이드라는 강아지가 있는데, 자아는 이 강아지를 묶어서 키울지 마당에 풀어놓고 키울지, 아니면 이 강아지에게 끌려 다닐지 결정하는 위치에 있다는 것이다.

그럼 이제 질문을 던질 때가 되었다.

"엄마의 본능은 무엇인가?"

보통 엄마의 본능은 '자녀에 대한 한없는 사랑'이라고 말한다. 안타깝지만 엄마도 속고, 아이도 속았다. 이 말의 간극 속에 숨은 강아지는 이렇게 말한다.

'엄마가 널 이토록 사랑하니 너희들도 엄마를 아끼고 존중하라.'

강아지들이 실수로 엄마의 본능을 밖으로 꺼내 말해버릴 때도 있다.

"내가 너만 아니었어도 벌써 이혼했다."

"내가 너만 아니었어도 계속 경력을 쌓았을 거다."

"내가 너만 아니었어도 공부를 계속했다."

"내가 너 때문에 사는 거다."

이 모든 말들 속 간극에 강아지가 내비친 원의는 이거다.

'너만 없었으면….'

엄마도 아이를 버리고 싶을 때가 있다. 그게 본능이다. 이제부터 아이들에게 다가가며 대화를 시도할 때, 한없이 좋은 사람의 위치에 서 권력을 휘두르지 말자. 엄마는 한없이 좋은 사람이 아니다. 아이 를 버리고 싶어 하는 강아지가 내 안에 뛰어다닐 때 열심히 잘 묶어 놓고 있을 뿐이다. 엄마는 언제든 강아지의 목줄을 풀어줄 수 있다. 강아지는 풀어줄 때를 기다리고 있을 뿐이다.

내 안의 애착 강아지를 묶어두자

예나 지금이나 화가들은 날것의 이미지가 지닌 난폭한 면을
재단하여 '미적인 쾌락'을 만들어내는 사람들이다.

―― 백상현, 《라캉 미술관의 유령들》 중에서 ――

졸업한 지 3년, 계속 기다리는 아이가 있다. 담임으로 있는 동안, 너무도 깊은 상처에 그 아이에게 손을 댈 엄두도 내지 못했다. 그땐 그랬다. 나도 미숙했고 두려웠다. 지금도 그때의 두려움이 문득문득 전이될 때가 있다. 그 아이를 떠올리면 가슴이 아프다. 이제 이 아픔을 보여주고 그것으로 위로받게 해주고 싶지만, 아직까지 한 번도 찾아오지 않았다.

1년 전쯤이었다. 그 아이에게서 부재중전화가 와 있었다. 급하게 다시 몇 번 걸어보았지만 받지 않았다. 그리고 1년간 더 소식이 없다. 페북에서도 인스타에서도 그 아이의 흔적을 찾을 수 없다.

기다릴 수 있다. 엄밀히 표현하면 기다리고 싶다. 기다리기를 원한다. 지루하다 싶을 정도로 기다리는 3년이지만, 그 시간 동안 나는 온몸으로 대화의 간극을 준비한다. 그 간극이 길수록 더 깊이 바라볼 진짜 시선이 몸에 새겨진다. 그 아이가 죽지만 않고 버텨준다면, 나도 기다릴 수 있다.

(부탁이다. 죽지만 마라. 네가 그렇게 사라지면 내 안의 아픔은 평생 나를 떠나지 않는다. 너를 위해서가 아니다. 나를 위해서다. 너도 누군가를 위해 존재할 필요가 있는 쓸모 있는 사람이다.)

엄마의 본능이 아이를 버리고 싶다 해도 실행에 옮기지 않는다. (가끔, 정말 어쩔 수 없는 이유로 그렇게 하는 이들도 있다.) 그래도 대부분은 그 강아지를 잘 묶어놓는다. 묶어놓을 만한 이유가 있다.

그들이 노는 모습을 보며 행복을 느끼고 그 행복감은 부모의 위치에 성취감을 준다. 때론 그들이 저항하지만 그래도 아직 덩치도 작고, 혼자 아디 나갈 수도 없으니 통제가 가능하다. 내가 누군가를 통제할 수 있다는 것, 알게 모르게 쾌감을 준다. 또 다른 작은 욕망(강아지)이 그들은 나름 쓸모가 있으니 데리고 있으라 속삭인다. 그리고 그 강아지(애착)가 점점 더 커진다. 자녀를 놓아주고 싶어 하는 강아지(분리)를 누른다. 시간이 흐를수록 그 강아지의 힘(애착욕구)은 더욱 강해지고, 보내고 싶어 하는 강아지(분리욕구)는 제압당한다. 그렇게 통제는 더욱 견고해진다. 이때부터 엄마와 아이들과의 대화 간극에는 강아지들 간의 무수한 크고 작은 전투가 벌어진다.

영수: 엄마, 나 PC방 가고 싶어.

(분리 강아지: 엄마, 이제 집 말고 다른 데서 놀고 싶어.)

엄마: 안 돼. PC방에 나쁜 형들이 얼마나 많은지 알아?

(애착 강아지: 네가 슬슬 독립을 꿈꾸나 본데 어림없는 소리.)

영수: 아냐, 거긴 괜찮아. 아파트 바로 앞이구, 우리 반 애들 대부분 거기 있어.

(분리 강아지: 난 이제 엄마가 아니라 친구들이랑 같이 있고 싶다고.)

엄마: 그렇게 몰려다니면, 커서 나쁜 형들처럼 되는 거야.

(애착 강아지: 너는 그냥 엄마랑만 같이 집에 있으면 돼.)

이제 아이와 엄마 사이의 간극을 읽으며 다시 대화를 해보자.

영수: 엄마, 나 PC방 가고 싶어.

엄마: 요즘에는 PC방 말고는 나가 놀 데가 없구나. 그런데 혼자?

영수: 아니, 거기 가면 우리 반 남자애들 다 있단 말야.

엄마: 음… 그럼 한 시간만 하고 다 데리고 집으로 와. 떡볶이 해
줄게.

영수: 정말? 와~ 그럼 한 시간 하고 다 데려온다.

엄마: 몇 명 오는지만 카톡해줘. 준비할 테니.

아이가 집 밖에서 무언가를 하고 싶다고 말하는 건, 그들 안의
'분리 강아지'가 대화의 간극에 숨어 있다는 뜻이다. 대부분의 부모
는 안전을 이유로 그 강아지를 혼낸다. 물론 안전은 중요하다. 하지
만 그것을 이용해 밖에서 무언가를 하려는 시도조차 막는 건 분리를
원하지 않는 엄마의 잠재된 '애착 강아지'가 하는 일이다. '분리 강아
지'와 '애착 강아지' 사이의 합의점을 찾아야 한다. 그 과정에서 한
시간이라는 시간의 경계와, 친구들 모두 떡볶이를 해줄 테니 집으로
데리고 오라고 하는 공간의 제약은 서로 어느 정도 타협의 여지가
있다. 일방적으로 하나의 강아지가 막강한 힘을 발휘하려 하면, 심
한 통제와 강한 저항만 있을 뿐이다.

　　　　　　　　　　　　　　2장 아이와 대화한다, 고로 나는 엄마다

서두에서 내가 기다리는 제자가 있다고 했다. 사실, 내가 기다리는 제자가 3년 동안 나를 찾아오지 않는 건, 그 아이가 아주 잘하고 있다는 뜻이다. 그는 담임인 나를 잊을수록 좋다. 그도 알고 있다. 담임도 애착 강아지가 있고, 그 애착이 상처를 위로해준다는 유혹으로 계속 자신을 붙들려 한다는 것을 직감하고 있다. 그래서 다행이다. 그 아이는 계속 나를 찾아오지 않아도 된다. 내게는 그 아이가 필요하다고 '애착 강아지'가 계속 짖고 있지만, 그 아이는 이제 내가 쓸모없다. 그래도 된다. 그게 담임의 역할이다. 담임의 역할과 엄마의 역할은 크게 다르지 않다.

아이가 친구와 편의점에서 같이 삼각김밥이랑 컵라면 사먹고 들어온다고, 저녁은 그걸로 떼우겠다고 할 때, 건강상의 이유로 안 된다고 하지 말자. 집에서 혼자 밥을 먹어야 하는 내 처지가 처량 맞아 그렇게 말하는 것뿐이다. 그럴 때는 같이 짜장면 사먹고 오라고 용돈을 더 챙겨준다. 그게 간극의 대화에서 '애착 강아지'를 이기는 방법이다.

기죽지 마라,
왕따는 아니다

잊지 말아야 한다. 너는 싸워야 산다는 걸.

— 임솔아, 《최선의 삶》 중에서 —

"선생님, 오늘 점심시간에 면담하고 싶어요."

학교에서 나를 가장 긴장시키는 말이다. 갑자스런 면담 요청은 그 간극이 잘 읽히지 않는다. 이럴 때는 몇 가지 추측을 해본다.

'쌤, 고민 있어요. 들어주세요.'
'쌤, 나한테 관심 좀 가져주세요.'
'쌤, 난 하기 싫은데 엄마가 면담하라고 시켰어요.'
'쌤, 그냥 점심시간 심심해서요.'

아침 등교시간, 책상에 앉아 즐겁게 책을 읽는데 영희가 다가와 긴장의 한 마디(점심시간 면담 요청)를 하고 쌤 자리로 가버린다. 무슨 일인가 싶어 조용히 영희 자리로 가서 묻는다. 일종의 탐색전이다.

"뭐, 힘든 일 있니?" (사전 정보를 좀 다오.)

영희는 내게 눈길도 주지 않으며, 말없이 가방에서 필통을 꺼낸다. 필통을 열어 뾰족하게 잘 깎인 연필을 만족스러운 듯이 바라본다. 영희는 날카로운 연필을 하나 꺼내며 말한다.

"이따요." (뾰족한 연필들 보이죠? 다쳐요. 일단 전투는 점심시간에…. 아셨죠?)

그 순간부터 내 무의식은 비상경계 태세에 들어간다. 그간의 모든 기억들을 소집시키고, 영희와 주변 친구들 사이에 어떤 역동들이 있었는지 분석에 들어간다. 영희가 조금만 단서를 주어도 그 출발점을 찾을 수 있겠지만, 영희는 '이따가'라는 말로 일단 강하게 저항했다. 이건 면담 신청이 아니다. 선전포고다.

점심시간이 되었다. 밥을 빨리 먹고, 이를 닦는다. 나름 출정 준비다. 이를 닦으며 무의식의 소환으로 제공된 정보 조각들을 갑옷처럼 마음에 입힌다. 책상에 앉아 학교 공문 서류들은 다 치운 채 흰 종이 한 장과 빨간색, 파란색, 검정색 볼펜을 준비한다. 흰 종이는 방어용이고 볼펜은 공격용이다. 빨간 펜 미사일을 쏠지, 파란색 미사일을 쏠지, 검정색 탄두를 사용할지는 영희의 첫 마디 공격에 달려 있다.

드디어 영희가 왔다. 그런데 나는 방어용 흰 종이도, 공격용 볼펜도 사용하지 못하고 완패했다. 영희는 짧게 속공으로 훅 들어왔다.

"쌤, 면담 내일 할게요."

2장 아이와 대화한다, 고로 나는 엄마다

경계 태세는 맥없이 풀리고, 책상은 다시 업무 서류가 차지하고, 내가 왜 오전 내내 전투 준비에 몰입했는지 바보 같다는 기분마저 든다. 다음 날, 영희는 내게 언제 면담 신청을 했냐는 듯, 점심시간 교실 한 켠에서 친구들과 수다에 여념 없다. 순간 이런 기분마저 든다.

'내가 왕따가?'

아이가 대화를 신청한다고 무작정 다 좋은 일만 있을 거라 생각하는 건, 아이들을 잘 모르는 거다. 대화를 신청하는 순간 긴장부터 하는 것이 수순이다. 대화에 임하는 나의 작은 첫 번째 행동 하나만으로 아이가 품은 강아지는 모든 걸 알아차린다.

'대화하는 척만 하는 거다. 내게 관심이 없다.'
'내게 관심은 있는데, 문제 해결력이 없다.'
'더 이상 대화는 소용없다.'
'그래도 생각보다 괜찮을 것 같다.'
'오, 역시 쌤이다.'

엄마들은 너무 쉽게 대화하자고 먼저 말을 꺼낸다.

"영희야, 우리 얘기 좀 해볼까?" (대화를 해야 관계가 좋아진대.)
"그냥 방에서 혼자 있음 안 돼?"
(관계가 좋아져서 뭐 어쩌려구? 난 관심 없음.)

아이에게 대화를 신청하려면 집 안을 치우고, 목욕재계하고, 잠시 혼자 앉아 명상하고, 내가 할 수 있는 최선을 다해 준비하고 말을 건네자. 그 정도는 되어야 대화의 간극이 보일랑 말랑이다.

"상대방이 말하지 않는 것을 나는 절대로 알아낼 수 없습니다. 그저 표정이나 행동을 통해 심리 상태를 약간 알 수 있을 뿐입니다."

30년 정신분석의 길을 걸어온 정도언 교수의 《프로이트의 의자》 서언에 있는 말이다. 그만큼 대화는 어렵다.

자녀와 대화를 시도하기 전 이것저것 사전 행동을 하라고 말하는 이유는, 그러면서 자신과도 대화를 나누라는 의미다. 아이는 내 아이지만, 엄연히 타인이다. 타인을 알려고 하는 건 무모하기까지 한 시도이기에 그전에 나를 가다듬으며 상대방을 기다려야 한다.

목욕재계, 옛 어른들은 제사를 지내기 전에 목욕을 했다. 죽은 이의 넋을 기리기 위해 그렇게까지 정성을 들이는 이유는 딱 한 가지다. 만나기 무척 어렵고 까다로운 존재를 만나야 했기 때문이다. 우리 아이들은 그보다 더 알기 어려운 존재다. 그들을 만나려면 일단 있는 힘을 다해 준비한다. 그래도 대부분 이런 말을 듣게 될 거다.

"나중에요."

기죽지 말자. 적어도 왕따는 아니다.

08

엄마 대화에는
냄새가 있다

엄마는 냄새다.

── 윤우상, 《엄마 심리 수업》 중에서 ──

'창조 신화'를 하나 만들어보았다. 옛날에 신이 인간을 만들 때를 상상해본다.

신이 천지창조부터 인류가 끝나는 날까지 태어날 모든 사람들의 얼굴을 진흙으로 빚어놓았다. 처음에는 재미있게 시작했다. 하지만 사람들의 얼굴을 다 다르게 만드는 것이, 아무리 신이지만 보통 일은 아니었다. 마지막 한 명의 얼굴을 만들고서 지쳐버렸다. 좀 쉬려는데, 문득 한 가지를 빼먹은 게 떠올랐다. 얼굴을 만드느라 개개인의 목소리를 넣지 못한 것이다. 그 많은 사람의 목소리를 처음부터 제각각 만들려니 지겨워서 짜증이 났다. 결국 그냥 목소리는 모두 똑같은 것으로 한 번에 세팅하고 잠이 들었다.
몇천 년쯤 거하게 잠을 자고 일어났는데 놀라운 일이 벌어졌다. 사람들이 각자 다른 목소리를 지니고 있는 것이다. 이게 어찌된 일인지 살펴본 신은 곧 알게 되었다. 각자의 욕망이 목소리를 바꾸어버렸다. 목소리는 욕망을 따라 가고 있었다.

아이들마다 말투가 다르다. 억양도 다르다. 수많은 아이들의 얼굴이 제각각이듯 대화 중 보이는 목소리, 손동작, 고갯짓도 차이가 난다. 특유의 고유 패턴이 있다. 이 패턴이 서로 잘 맞는 아이들이 있고, 맞지 않아 삐걱거리는 아이들이 있다. 서로에게 특별한 문제가 있는 것도 아닌데 싸우는 일이 생긴다.

"쟤가 말하는 게 거슬리잖아요."

무엇이 거슬리는지 더 물어보지만 구체적인 내용은 없다.

"웃는 게 짜증 나요."

물론 상대 아이는 그냥 친구랑 웃으며 얘기한 게 다일 뿐이다. 비웃은 것도 아니고, 비아냥거린 것도 아니다.

엄마아빠의 말투에도 고유한 패턴이 있다. 엄마가 화가 났는지, 짜증이 났는지, 뭔가 불안한지 대화를 시작하는 첫 말투에 다 드러난다.

"엄마는 지금 화내는 게 아니란다." (엄청 화났거든. 조심해라.)

이렇게 말하면서 대화를 시작해도, 아이는 이미 냄새를 맡았다. 엄마는 화가 난 상태고, 상당히 감정을 누르면서 천천히 말하고 있는 것뿐이다. 아이의 무의식 속 강아지는 말에서 풍기는 냄새를 기가 막히게 잘 맡는다.

아빠는 웃기다고 아재 개그를 하는데, 아이와 엄마는 짜증이 난다. 아빠 혼자만 즐겁다. 혼자 웃기고 혼자 웃는다. 함께 산책하자고 나왔는데, 함께 외식하자고 나왔는데, 잠시 후 보면 엄마와 아이들만 뭉쳐서 걷는다. 그 거리감은 점점 멀어진다. 아빠 말투에서 아저씨 냄새가 너무 많이 난다. 시대에 뒤떨어진 듯한, 아직 혼자 군생활의 추억에 빠져 살아가는 냄새다.

　말끝마다 계산하고 따지고 분석하는 아빠도 있다. 이게 다 가족을 위하고 아이와 아내를 위한 거라고 생각한다. 엄마와 아이는 그 냄새에 진저리가 난다.

　"이건 다 너를 위한 거야. 몇 번을 말해야 알아듣겠어."
　(너를 이용해 내 욕망을 채워야 한다고. 몇 번을 말해야 돼!)

　'말 속에 뼈는 없다, 각자의 냄새가 있다.'

　그 냄새는 한 사람을 규정지을 만큼 강하다. 우리 엄마는 원래 그런 사람, 우리 아빠는 원래 어떤 사람, 이게 다 말에서 나오는 냄새 때문이다.

　이렇게 대화 속 냄새는 쉽게 가릴 수 없다. 그런데 대화에서 전혀 냄새가 나지 않는 경우도 있다. 보통 두 가지다. 상대방이 고난도의 '방어기제'를 사용하거나, 역으로 완전히 '진실'할 때다. 그 둘을 구분하기란 참 어렵다. 하지만 잠시 의식의 흐름을 따라가다 보면 금방 알아차릴 수 있다.

　상대방이 방어기제를 통해 아무 냄새도 풍기지 않을 때 잘 살펴보자. 함께 대화를 하고 있는 내 대화를 의식적으로 따라가면 알게 된다. 나도 모르게 똑같은 방어기제로 응답하고 있다.

진짜 아무런 냄새가 나지 않는 순도 100퍼센트의 대화가 가능한 경우는 서로가 상대방에게 어떤 욕심도 없을 때다. 상대로부터 취할 어떤 욕망, 욕구가 없이 주고받는 대화에서는 냄새가 날 수 없다. 이때, 무의식 속 강아지는 경계를 풀고 잠을 잔다.

아이와 아무런 냄새가 나지 않는 대화를 하려면, 아이에게 바라는 것이 없는 상태에서 말을 주고받아야 한다. 그러자면 마법의 주문을 외워야 한다.

"저 아이는 내 아이가 아니다."
"저 아이는 단지 내 뱃속을 빌려 나온 타인일 뿐이다."

문득, 칼릴 지브란의 《예언자》 중 어린이에 대한 대목이 떠오른다.

"그대의 아이는 그대의 아이가 아니다."

엄마 말의 냄새를 없애는 주문을 알려주었는데, 이상하게 엄마들은 자꾸 다른 주문을 건다.

"저 인간은 내 남편이 아니다."

디지털 이민자와 디지털 원어민의 대화법

Q. **'디지털 원어민'이라⋯ 무슨 뜻인가요?**

미국 교육학자 마크 프렌스키를 통해 대중화된 표현인데요, 인터넷이 없는 세상에서 살아본 기억이 없는 사람을 뜻합니다. 이에 비해 종이시대에서 인터넷 세계로 넘어온 사람들을 '디지털 이민자'라고 합니다. 즉 중년층은 디지털 이민자, 20대 중반 이하 특히 우리 청소년과 초등학생들은 '디지털 원어민'이죠.

Q. **우리가 '이민자'였군요. 역사를 보면 이민자와 원어민 간에 다툼이 있잖아요. 디지털을 바라보는 관점도 그런가요?**

맞습니다. 특히 디지털 이민자인 기성세대는 우리 아이들이 디지털 원어민이라는 사실을 자꾸 잊어버립니다. 그래서 종종 "우리 애들인데 왜 우리랑 사용하는 언어가 다르지?" 하고 말하며 그냥 세대차이려니 합니다. 디지털 원어민 입장에서는 기성세대가 이상해

보입니다. 그 좋은, 비싼 스마트폰을 가지고 카톡 말고는 사용하는 것이 없으니 속으론 이런 생각을 합니다. '그럴 거면 차라리 나한테 주지. 나는 나중에 사준다고 하고…'. 그렇게 옥신각신하고 있죠.

Q. 디지털 원어민인 초등학생들이, 디지털 이민자인 부모에게 가지는 가장 큰 불만은 뭔가요?

합당하지 않다고 여겨지는 이유를 대며 스마트폰 사용을 제약하는 겁니다.

Q. 무분별한 사용을 막기 위해 제약은 반드시 필요하지 않나요?

네, 그 생각 자체가 디지털 이민자의 관점입니다. 원어민 입장에서는 항상 필요한 거거든요. 예를 들어, 학생들에게 책과 공책을 들고 다니는 것을 제약한다면 어떨 것 같습니까?

Q. 당연히 말도 안 되는 얘기죠.

디지털 원어민에게도 마찬가지입니다. 그들에게는 책과 공책보다 일상에서 더 쓸모가 많은 디지털 기기 없이 생활한다는 것은 말도 안 되죠. 걸음마를 떼기도 전에 스마트폰 화면으로 출장 간 아빠,

엄마의 음성과 얼굴을 보면서 자란 아이들입니다. 그 어린 시절 자신과 소중한 엄마아빠를 연결해준, 언제든 만나게 해준 스마트폰…. 우리 아이들과 상상할 수 없는 밀착관계가 형성되었습니다. 이민자들은 도저히 알 수 없는 관계죠. 그런 스마트폰을 제약한다는 것은 원어민 입장에서 자신의 존재를 침해당하는 느낌마저 들게 합니다.

Q. 그렇다고 초등학생들에게 맘껏 쓰라고 할 수 없는 게 스마트폰으로 인한 부작용이 꽤 많잖아요. 인터넷 중독, 게임 중독 등이요.

맞습니다. 그래서 교육이 필요하죠. 스마트 기기에 대한 절제와 올바른 사용방안을 알려줄 때, 이걸 단순히 아이들의 의지력 문제로 다가가면 실패할 가능성이 많습니다. 의지가 아니라 인식의 문제거든요. 그들에게 스마트 기기가 어떤 존재로 자리매김하고 있는지 인식하고 접근을 해야 적어도 디지털 원어민들의 감정을 공유할 수 있습니다. 그때 공감도 이루어지고요.

Q. 그럼 일단 어른들이 아이들과 같은 인식을 가져야 할 텐데, 어른이 아이와 다르게 생각하는 가장 대표적인 게 뭔가요?

디지털 기계에 의존하다 보면 논리성이 부족해질 수 있다는 염려입니다. 특히 카톡에서 완성된 문장이 아닌 단어, 약어, 이모티콘의 나열을 쓰는 걸 보면서 이렇게 생각을 하죠. "도대체 무슨 말이 이래. 이래 가지고는 논리적인 언어 구사력을 갖추기는커녕 인내심도 부족해지겠는걸." 하고 말이죠.

Q. 실제로 그렇지 않나요?

문장력이 부족해지는 것은 맞습니다. 그렇다고 논리력이 부족해지는 것은 아닙니다. 단지 기성세대가 원어민의 문법을 이해 못한다고 보면 됩니다.

우리가 논리라고 하는 것은 서론, 본론, 결론이 선형적으로, 마치 줄로 연결되듯 고리가 있을 때를 말하죠. 원어민들은 키워드로 대화 내용을 논리적으로 이끌어 나갑니다. 논리를 표현하는 양태만 다를 뿐 그들도 논리성을 갖추고 있습니다.

Q. 나름 논리성이 있다고 해도 어른들이 디지털 원어민에게 알려줄 수 있는… 그러니까 아이들에게 필요한 부분이 있을 것 같은데요.

예, 있습니다. 디지털 원어민이라는 표현을 대중화시킨 교육학자 마크 프렌스키는 디지털 원어민에게 필요한 것을 한마디로 표현했는데요, 바로 '성찰'이라고 합니다.

Q. '성찰'이요? 디지털 원어민들은 '성찰' 능력이 떨어진다는 말인가요?

정확히 표현하면, 부족한 것이 아니라 성찰할 수 있는 환경이 없어진다는 겁니다. 일반적으로 성찰은 잠시 타인과 거리를 두고 자기 자신을 되돌아보는 과정에서 이루어지죠.

종이책에 있는 글을 통해 여러 가지 것들을 인지하던 기성세대에게는 자연스럽게 성찰하는 환경이 만들어졌습니다. 종이책 자체가 오프라인이기 때문이죠. 하지만 지금은 다릅니다. 실시간으로 주고받습니다. 또 실시간으로 주고받지 않는다 해도, 언제든 접속 가능하다는 상황 자체가 숙고할 시간과 여유를 막습니다. 바로 검색으로 해결하지요.

Q. 디지털 원어민에게 성찰할 수 있는 환경을 만들어주려면 어떻게 해야 하나요?

네, 바로 그 관점에서부터 스마트 기기에 대한 교육이 시작되어야 합니다. 단지 좋지 않은 사이트에 접속하지 못하게 하기 위해서, 혹은 중독이 되지 않도록 제약하는 것이 아니고요. 성찰의 환경에 대한 필요성을 가지고 접근하세요. 저는 초등학생 때까지는 스마트폰을 사주지 말라고 말씀드립니다. 스마트폰이 아니더라도 아이들이 인터넷에 접속할 기회가 넘칩니다. 아이들에게 성찰의 시간은 바로 몸으로 놀거나, 손으로 무언가를 만드는 시간입니다. 그 시간을 충분히 보장해주고, 그때는 스마트 기기로부터 잠시 떨어져 있도록 히는 것이 중요합니다.

Q. 그렇다면 이런 디지털 원주민에게 우리 기성세대 이민자들이 배워야 할 점은 없을까요?

있습니다. 아주 많지요. 그중 꼭 배워야 하는 것 한 가지가 '메신저'입니다. 디지털 원주민들은 스스로를 '메신저'라고 여기는 데 두려움이 없습니다. 자신의 일상을 단순히 공유하는 것을 넘어 본인이 의미 있다고 생각하는 것들을 전파하는 메신저를 자청하지요. 심지어 이민자들이 보기에는 한심스럽기 짝이 없는 컴퓨터 게임 동영상을 유튜브에 올리며 다른 게이머들에게 자신만의 노하우를 전수해줍니다. 이민자들이 배워야 할 점은 그러한 메신저 되기에 익숙해지는 겁니다.

Q. 메신저 되기에 우리가 익숙해져야 하는 이유가 뭔가요?

우리 아이들이 살아가는 미래에는 더 많은 메신저가 등장하고 또 필요로 하게 됩니다. 점점 더 개인 맞춤형 삶이 가능해지기 때문인데요, 원어민 아이들은 얼마든지 그런 메신저들과 접속하고 소통

하며 자신 역시 메신저 역할을 할 준비가 되어 있습니다. 그런데 이민자들은 꺼려하지요. 그래서는 원어민들에게 올바른 메신저 역할을 교육할 수 없습니다. 이민자인 기성세대가 그에 대한 적절한 선을 알려주기 위해서라도, 메신저에 익숙해질 필요가 있습니다. 더 적극적으로 말하면 우리 부모들이 건전한 메신저 모델이 되어야 합니다.

Q. 부모가 메신저 역할에 도전해보려면 어떻게 해야 하나요?

단순합니다. 오늘이 일요일이라면 오전에는 좀 쉬다가 오후쯤 컴퓨터를 켜고 유튜브에 계정을 하나 만드세요. 그리고 자녀와 함께 어떤 내용을 주제로 유튜브에 동영상을 올릴지 이야기해보세요. 무엇을 찍고 어떻게 올려야 할지 막막할 수도 있습니다. 두려워 마십시오. 여러분의 자녀는 디지털 원어민입니다. 다 알아서 해결해줄 겁니다. 부모는 그 과정에서 아이가 보편적인 선을 넘지 않도록 가이드 역할을 해주면 됩니다.

Q. 마지막으로 디지털 이민자 학부모님들께 한 말씀 해주시죠.

아이러니하게도 우리 아이들을 디지털 원어민으로 만든 것은 다름 아닌 우리 어른들입니다. 한 가지 더 확실한 건 디지털 원어민이 지속적으로 늘어날 거라는 사실입니다. 디지털 이민자가 디지털 원어민을 통제할 수 있다는 생각 자체를 버려야 합니다. 일직선상에서 풀어나가는 선형적인 논리성을 벗어나 키워드 자체만으로도 소통과 이해를 넘나드는 그들의 논리를 배우는 자세를 가지세요. 원어민들은 자신들과 유창하게 말을 섞는 이민자들을 만났을 때, 대단하다고 여깁니다. 우리말을 유창하게 하는 외국인을 볼 때처럼 말이죠. 우리 학부모님들 또한 대단한 디지털 이민자가 되길 바랍니다.

대화의 방법은
하나가 아니다

: 제3화 :
말 없는 가족

내향적인 아이는
먼저 말을 걸지 않는다

내향적인 아이를 둔 부모들은

자신의 자녀가 외향적인 아이들에 둘러싸여

불리한 입장에 처할까 봐 늘 노심초사다. 외향적인 아이들처럼

활동적인 사람이 되라고 다그친다. (중략)

내향인들은 어린 시절부터 참 고단하다.

─── 윤수경, 《문지방을 넘어서》 중에서 ───

영철이가 있었다. 학급에서 친구들 사이에 소심한 아이로 보였다. 시선은 주로 타인의 눈치를 보느라 이리저리 옮겨다니며 바빴고, 누군가 강하게 주장하면 말없이 따랐다. 심지어 놀이 중에 다른 아이들이 불공정한 처사를 해도 자기주장을 못하고 머뭇거렸다.

한번은 영철이 어머님과 면담을 하는데 이런 고충을 말씀하셨다.

"영철이가 밖에서는 말도 잘 못합니다. 그런데 집에만 오면 저한테 짜증 내고 그럽니다. 처음에는 감정을 풀 데가 없어 그런가 보다 했는데, 점점 더 심해지네요. 이건 계속 받아줘야 하나 이러다 엄마를 무슨 자기 감정 푸는 사람으로 여기지 않을까 걱정입니다."

담임 입장에서 이 이야기를 듣고 사뭇 놀랐다. 영철이가 소심해 보이고, 자기주장을 잘 펴지는 못했어도 감정을 전혀 드러내지 않는 아이는 아니었기 때문이다. 또한 다른 사람에게 함부로 하는 아이도 아니었다.

보통 감정이 억압된 아이들은 만만한 상대(아이가 보기에 약자)를 만나면 함부로 대하는 경우가 있다. 엄마가 무척 바쁘거나 심리적으로 위축감, 죄책감을 갖고 있다면 아이가 이걸 약점으로 파고들어 그간 풀지 못한 감정을 몇 배로 쏟아내는 경우도 있다. 하지만 영철이는 그런 아이가 아니었다. 또한 영철이 어머니도 고민이 되어 상담을 하긴 했어도, 영철이에게 휘둘릴 만큼 심리적으로 위축되어 보이지 않았다. 단지 영철이의 지속적인 짜증과 화를 받아주어야 하는지, 그만 멈추게 해야 할지 몰라 찾아온 것뿐이었다.

다른 사람에게 주장을 잘 못하기는 해도, 엄마에게 상처 주거나 아프게 할 아이는 아니라고 말씀드렸다. 더불어 아직 뭔가 명확하지 않으니 시간을 갖고 살펴보자고 했다.

며칠 동안 영철이를 관찰했지만, 지금까지 바라본 바와 다를 게 없었다. 소심하긴 하나 타인에게 막 하는 아이가 아니었다. 더 이상의 관찰은 의미가 없었다. 영철이에게 직접 물어보기로 했다. 하루는 점심시간에 영철이를 불러 짧은 면담을 진행했다.

"영철아, 점심시간이니까 오래 붙들고 있진 않을게. 그냥 짤막하게 대답해주면 돼. 알았지?"

무슨 일인가 싶어 긴장하는 모습을 보이는 영철이의 손을 잡으며 물었다.

"엄마한테 뭐 화나는 거 있니?"

"없어요."

"그럼 엄마한테 불만인 거는?"

"없어요."

"그럼 엄마가 너한테 뭘 해준다면… 어떤 걸 해주길 원해?"

"선물 같은 거요?"

"아니아니. 물건 같은 거 말고… 엄마가 평상시에 너를 어떻게 대해주면 좋은지를 묻는 거야."

"자꾸 친구들한테 먼저 말 걸라고만 안 했으면 좋겠어요. 전 그런 용기가 없어요."

"그렇구나. 영철이는 친구한테 말 걸려면 용기가 필요했구나. 선생님이랑 비슷하네."

"선생님도요?"

"그래, 선생님 역시 초등학교 때 엄청 말을 못했거든. 누구한테 말 걸려면 한참 머뭇거렸지. 근데 걱정 안 해도 돼. 시간이 걸리지만 천천히 늘어. 엄청난 용기까지 필요한 건 아니구, 조금씩 경험하다 보면 돼. 그만 나가 놀아도 돼."

영철이가 친구에게 말을 걸기 위해서는 '용기'가 필요하다는 말을 듣고 알 수 있었다. 사실, '용기'라고 표현한 것은 엄청난 에너지를 써야 한다는 의미다. 영철이는 전형적인 내향성 아이의 모습을 보이고 있을 뿐, 그 이상도 이하도 아니었다.

영철이가 엄마에게 보인 행동은 감정의 남용이라기보다 엄마가 타인에게 다가갈 때만큼 많은 에너지를 사용하지 않아도 자기표현을 할 수 있는 대상이기 때문이다. 한 가지 덧붙일 것은, 유독 엄마에게 강한 모습을 보이는 건 엄마에게 인정을 받고 싶었던 부분이 컸기 때문이다. 자꾸 다른 친구들에게 먼저 말을 걸라고 요구한 엄마에게, 적어도 내 표현 정도는 나도 나름 할 수 있다는 것을 보여주려는 무의식적인 저항에 해당한다. 이때 엄마가 해줄 것은 별로 없다. 친구에게 말을 걸어보라는 주문만 멈추면 된다.

내향적인 아이들은 먼저 말을 걸지 않는다. 그들은 대화 중 듣는

데 에너지를 더 집중한다. 그리고 그것을 받아들일지 아닐지는 드러내지 않지만 주체적으로 정한다. 표면적으로 자기주장도 잘하지 않고, 늘 주변에 치이는 듯 보이지만, 실제로는 강한 자아를 지니고 있다. 밖으로 표현하지 않은 에너지를 내부에 축적해놓는 스트롱맨이다.

내향적인 아이들에게 먼저 타인에게 말하기를 강요하는 건 '공격', '폭력'에 가깝다. 답답한 마음에 대화의 주도권을 쥐고 이끌어 나가라고 주문하면, 필요 이상의 부정적인 반응이 나온다. 영철이는 그 반응을 엄마에게 짜증 내는 방법으로 표면화했다.

《내향인입니다》의 저자 진민영 작가의 개일 프로필에 적인 내용이다.

10대 시절 서구식 교육을 받으며 외향인을 강요받았다. 돌고 돌아 본래 자신의 모습인 내향인으로 살고 있다. (중략) 틈틈이 낯선 공간으로 찾아가 충전의 시간을 갖는다.

대화 없이 충분한 충전이 필요한 아이들이 있다. 그들에게 말하라고 강요하며, 애써 채운 배터리를 방전시키지 말자.

3장 대화의 방법은 하나가 아니다

10

대화는 먼저 웃기는
사람이 이기는 거다

농담은 무의식에 출처를 두고 있다.

── 프로이트, 《농담과 무의식의 관계》 중에서 ──

연예인 김제동의 어록 중에 유명한 말이 있다.

"웃자고 한 말에 죽자고 덤빈다."

왜 누군가는 '웃자고 한 말'에 '죽자'고 덤볐을까? 듣는 이의 무엇을 건드렸다는 뜻이다. 누군가는 농담이지만 누군가에게는 치명적이다. 아이러니하게도 그래서 농담은 웃기다.

프로이트 하면 '정신분석'이 떠오른다. 정신분석 하면 '꿈분석'이 자동적으로 따라 나온다. 여기까지가 일반적인 프로이트 관련 검색어라 할 수 있다. 그런데 프로이트는 '농담' 또한 주요 키워드로 제시했다. 프로이트 전집 중에 '농담과 무의식의 관계'를 주제로 한 한 권의 두툼한 책이 있을 정도다.

그는 꿈분석 못지않게 '농담분석'에 치밀하게 접근했다. 보통 프로이트 책을 보면 목차가 친절하지 않다. 그런데《농담과 무의식의 관계》에서만큼은 제법 친절한 목차를 제시한다. 그가 농담에 대해 얼마나 면밀히 생각했는지 목차만 봐도 그 진지함을 알 수 있다.

왜 프로이트는 농담을 가벼이 여기지 않고 진중할 정도로 파고들었을까? 프로이트가 농담에 대해 말한 기본은 '농담과 무의식은 긴밀히 연결'되어 있다는 것이다. 덧붙여 그는 이렇게 말했다.

"우연한 농담이란 없다."

무의식 측면에서 다분히 농담 속에 무언가 욕망하는 것, 의도하는 것이 숨겨져 있다는 뜻이다.

교실에서는 많은 농담이 오간다. 아이들 입장에서는 '웃기는 말', '웃기는 행동'이다. 겉으로 보기에 그냥 웃고 넘어갈 일들이다. 그리고 학급 구성원들을 기분 좋게 만들어준다. 그런데 이런 농담들이 담임 입장을 난감하게 만들 때가 있다. 특히 수업의 원활한 흐름을 방해한다고 느낄 만큼의 농담들은, 교사 입장에서 학습 분위기를 흐리는 모습으로 비춰질 때가 있다. 아이의 농담을 또 다른 농담으로 받아 다시 원점으로 능수능란하게 복귀시키는 교사도 있지만, 대부분은 농담에 걸려 넘어진다. 그리고 화를 낸다.

"수업과 상관없는 그런 농담은 방해된다. 하지 마!"

안타깝게도 이렇게 말한 순간 이미 농담 속 무의식 게임은 끝난다. 주도권은 농담을 잘하는 학생에게로 넘어가고 매 수업시간 권력은 '농담'을 쥔 학생에게 주어진다.

교실 농담 속에는 '권력'이라는 무의식적 강아지가 숨어 있다. 수업 중 농담을 던지는 이유는 표면상 즐겁게 하기 위한 것이지만, 교사의 권위에 대한 '저항'의 간극이 숨어 있다. 교사 입장에서 농담을 진담처럼 혼내기도 뭐하고, 그렇다고 받아주기도 뭐하고 상황이 매우 애매해진다. 그 경계선을 잘 타고 들어오는 농담은 다분히 '정치적'이기도 하다. 그들이 그렇게 할 수 있는 이유는 '진실'을 총체적으로 볼 수 있고, 상황 속에 드러난 '모순'들을 인식할 수 있기 때문이다. 그러한 모순을 드러내되 자신에게 안전장치를 마련하는데 이것이 '농담' 형식을 차용하여 이루어진다. 그런 뛰어난 면모를 보이는 아이들은 바로 '국회'로 보내고 싶을 정도다. 이런 아이들이 잘 성장해서 대한민국을 웃기는 정치를 했으면 좋겠다.

아이가 웃기는 말로 수업 분위기를 흐리지는 않는지, 선생님께 혼나지는 않을지 염려하는 부모들이 있다. 이렇게 말씀드리고 싶다. 농담을 잘하는 아이들의 무의식 강아지는 교사의 권위를 존중할 줄도 알고, 권위에 도전할 줄도 아는 양면을 모두 지녔다. 그렇지 않고서는 교실에서 웃기는 말을 할 수 없다. 오히려 농담을 할 줄 모르는

3장 대화의 방법은 하나가 아니다

아이들이 권위 앞에서 강한 저항을 드러내다 억압받는다. 또는 저항을 포기하고 순응을 택한다.

아이가 집에서 농담을 잘하고 가족을 웃긴다면, 이미 부모의 권위를 넘어선 것이다. 유치한 표정이나 몸개그를 시도하는 아이도 있다. 엄마들은 초등 고학년이나 되었는데 눈치도 없고, 너무 애같이 군다고 좀 진지해지라고 요구한다. 꼭 말이 아닐지라도, 몸개그로 웃길지라도 그 아이는 상당한 능력자다. 웬만한 도전들 앞에 주눅 들지 않을 수 있음을 몸으로 표현하고 있다.

가족 간의 대화는 중요하다. 많은 교육자, 심리학자는 하루 5분에서 10분씩이라도 꾸준히 대화의 시간을 마련하라고 강조한다. 여기에 '농담'을 덧붙인다면 그 대화는 충실함을 갖췄다고 보면 된다. '농담'은 대화의 간극들을 읽을 수 있다는 전제하에 탄생되기 때문이다.

아이들이 농담을 할 줄 안다면 일단 안심해도 된다. 대화의 간극에서 진실을 읽는 아이이기 때문이다. 아이들이 농담을 잘 못한다면 또 다른 방식으로 그들의 무의식적인 욕망들을 표출시킬 출구가 있어야 한다. 그림이나, 음악, 운동도 될 수 있다. 그런 것들이 주어지지 않을 경우, 성인이 되어 각종 중독을 통해 욕망을 소진시킬 수 있다. 이미 많은 아이가 스마트폰을 통해 무의식적 욕망들을 소진시키는 상태. 그들의 스마트폰을 바라보는 표정 속에 '농담'은 없다.

우리 아이들이 '죽자고 덤비는 사람'이 아니라, '웃자고 하는 사람'이 될 수 있기를 바란다.

11

짜증도 대화의
일종이다

아, 짜증 나!

—— 얼 힙, 《나는 왜 자꾸 짜증이 날까?》 중에서 ——

착하고 말 잘 듣던 초등 자녀가 짜증을 내기 시작하면 부모는 어찌할 바를 모른 채 두려운 생각에 사로잡힌다.

'그렇게 착했던 우리 애가 엄마한테 짜증을 다 내다니. 앞으로 어쩌면 좋지?'

원래 좀 말도 잘 안 듣고 말썽쟁이 자녀가 짜증을 내면 부모는 내면에서 화가 올라온다.

'니가 뭘 잘했다고 짜증이야.'

두려운 생각이 들든, 화가 올라오든 그 이면에는 짜증 내는 아이에 대한 '겁'이 숨어 있다. 이제 막 짜증 내기 시작하는 자녀 때문에 걱정이라면, 이미 한창 자주 짜증 내는 것 때문에 염려라면 이 말을 해주고 싶다.

"자녀가 짜증 좀 낸다고 겁먹을 필요 없습니다. 짜증도 대화의 일종입니다."

짜증은 사실 별일 아닌 것들로 시작된다. 별일 아닌 일들 마지막에 마침표를 찍듯 내뱉는 말이 있다.

"아~ 짜증 나!"

이때 표면상의 일만 가지고 응답을 하는 경우가 많다.

"뭐 그런 일로 짜증 내냐? 그 정도는 그냥 넘어갈 줄도 알아야지."

사실, 짜증은 그게 다가 아니다. 이면에 '스트레스'가 숨어 있다.

자녀가 자주 짜증을 낸다면 어떤 일에 스트레스를 받고 있는지 찬찬히 살펴보자. 짜증이 난다는 말은 스트레스를 거부하고 싶다는 무의식적 표현이다.

"아~ 짜증 나!" (스트레스 받는 중이거든!)

초등 시절 대부분의 스트레스는 두 가지 정도에서 기인된다.

① 공부에 대한 압박감
② 친구 관계의 어려움

안타깝게도 이 두 가지 스트레스는 해결점이 별로 없다. 공부를 안 할 수도 없고, 친구 사귀기를 포기할 수도 없기 때문이다. 이 시기는 스트레스를 풀어주려 애쓰기보다 '스트레스 저항력'을 키워주는 것이 우선이다. '짜증'을 자주 낸다면 이는 '스트레스 저항력'을 업데이트할 때가 되었다는 뜻이기도 하다.

일반적으로 부모는 자녀가 스트레스를 받으면 풀어주려 애쓴다. 즉 스트레스를 제거해주려 노력한다. 안타깝지만 매번 스트레스를 풀어주는 방향으로 가는 것은 '스트레스 저항력'에 별 도움이 되지 않는다. 스트레스 저항력을 키워주려면 현재 상태를 유지하면서 오히려 약간의 스트레스를 더 주어야 한다.

보통 헬스장에서는 근육을 키우기 위해 자신의 힘으로는 약간 힘든 것을 들어 올리거나 잡아당기게 한다. 이 훈련을 반복하면 그에 합당한 근육이 생긴다. 그러면 다시 약간 더 무거운 것에 도전하게 한다. 근육은 점점 크고 단단해지며 들어 올릴 수 있는 무게가 올라간다.

약간 더 무거운 것을 들게 하기, 이것이 '진정한 스트레스'다. 그 스트레스를 감당하는 것은 '의식된 의지'다. 이것을 감당해낼 경우 돌아올 '몸짱'을 의식하고 의지를 갖고 반복한다.

나카타니 아키히로가 쓴 《스트레스의 재발견》에 스트레스와 마주하는 자세에 대해 다음과 같이 언급되어 있다.

"남들이 뭐라고 하든 중요한 건 내 의식이다."

안타깝게도 많은 부모가 스트레스로 가득하다는 '짜증 난다'는 말 앞에서 이렇게 말한다.

"더 무거운 것을 드는 것은 힘든 일이고 어려운 일이니 그만 쉬어도 된다."

이래서는 아이의 짜증은 멈추지 않는다. 조금만 힘겨운 일이 생기면 '짜증'이 발동된다.

자녀가 짜증을 낸다면, 이제 아이의 스트레스 근육을 더 키울 시기가 되었다고 생각하면 된다. 한번도 시도해보지 않았다면 이제부터는 짜증 낼 때 약간의 스트레스를 더 준다. 하루 두 장씩의 문제집 푸는 것이 짜증 난다면, 이제 세 장을 준비해준다.

스트레스를 더 주다가 애가 지쳐 넘어지면 어쩌나 염려할 수도 있다. 물론 주의해야 할 부분이다. 그런데 그런 아이들은 '짜증'을 내지 않는다. 무기력한 모습을 보인다. '짜증'을 낸다는 말의 간극에는 '스트레스 받는 일은 하고 싶지 않다'는 저항이 숨어 있다. 저항도 힘이 있어야 하는 것이다.

앞으로 자녀가 '짜증'을 내면 기뻐하기 바란다. 우리 애가 아직 힘이 남아돈다고 생각하면 된다. 그렇게 좋고 기쁜 대화는 없다. 기쁜 마음으로 엄마 자신에게도 똑같이 스트레스 저항력을 높이기 위한 방법을 적용하는 모범을 보이면 된다.

"짜증 나~." (엄마도 자꾸 살쪄서 스트레스 받아.)

짜증 난다고 야식으로 스트레스 풀지 말고, 오늘부터 운동 강도를 높인다. 그러면 된다.

12

칭찬은 대화가 아니다! 평가다

칭찬을 이용하면 협박이 된다.

—— 기시 히데미쓰 《칭찬이 아이를 망친다》 중에서 ——

"시험 100점 받았네. 정말 잘했다."

(앞으로도 계속 100점 받도록 해라.)

"동생에게 과자를 나눠주다니, 정말 형답고 착하다."

(앞으로도 계속 동생에게 과자를 나눠줘야 한다.)

"어쩜 이렇게 인사를 잘할까? 정말 예의 바른 아이네."

(앞으로도 어른에게는 무조건 인사를 잘해야 하는 거야.)

많은 학부모가 칭찬을 통해 아이의 긍정적 성향을 높이고, 기를 살리고, 자존감을 높일 수 있을 거라 생각한다. 그런데 긍정적 성향을 높이고, 기를 살리고, 자존감을 높일 수 있는 기회는 아이가 무언가 잘했을 때가 아니라 못했을 때 생긴다. 실패했을 때 그것을 하나의 과정으로 함께 받아들여주어야 아이가 자신의 존재감을 느낀다. 성공의 유무와 상관없이 자신을 소중하게 생각하고 바라봐주는 시선을 통해 긍정의 힘이 생긴다. 이런 말이 있다.

"칭찬은 대화가 아니다. 평가다."

칭찬이 긍정적 대화가 아닌 이유는 바로 '평가'이기 때문이다. 무언가 '참 잘했다'라는 표현은 평가의 상중하에서 '상'을 의미하는 결과물에 대한 피드백일 뿐이다.

'참 잘했다', '잘 못했다'는 표현이 평가를 넘어서 대화가 되려면 과정에 대한 '정서적 피드백'이 함께해야 한다.

"100점 맞았구나. 이 점수를 받으려고 얼마나 많은 시간을 공부했을지…. 친구들이랑 놀지도 못하고…. 안쓰럽구나."
"50점이구나. 이 점수 받고 마음이 위축되지는 않았니. 친구들이 알까 봐 감추지는 않았을지…. 안쓰럽구나."

100점이든 50점이든 아이 입장에서는 정서적으로 힘겨웠던 부분이 있다. 그 부분을 언급해주고, 그다음 이어지는 아이들의 말에 따라 대화를 이어나간다. 잘했으니 칭찬하고 못했으니 꾸중하는 패턴은 그걸로 끝이다. 더 이상 대화가 아니다. 결과는 짧게 언급한 후, 과정 중에 느낀 정서적 상황을 꺼내고, 그것을 바탕으로 대화를 이어나간다. 그 순간부터가 대화의 시작이다.

'칭찬 심리'와 관련된 많은 서적들이 있다. 대부분 '칭찬'의 긍정적인 측면을 강조한다. 칭찬을 통해 사람을 변화시킬 수 있다는 내용이다. 누군가 변화시킬 수 있다는 것은 사실 매우 위험한 발언이다. 이 말의 이면에는 이런 무의식적 강아지가 숨어 있다.

"너를 내 맘대로 움직이게 할 거야."
"내 욕망대로 너를 행동하게 할 거야."

나이토 요시히토가 쓴 《칭찬 심리학》의 첫 목차는 다음과 같다.

남을 설득하고 싶다면 우선 칭찬하라

'타인을 설득하고 싶다면'은 결국 내 의지대로 이끌고 싶다는 표현이다. 그 방법으로 칭찬이라는 언어 도구를 사용하라는 것이다. 만약 이 책을 읽는 이유가 '아이를 설득하고 싶다면…'이었다면, 책을 잘못 골랐다. 이 책은 대화를 통해 자녀를 부모의 욕망대로 이끌어가는 방법을 알려주지 않는다. 아이가 스스로 존재를 찾아나가는 과정을 알려주기 위한 책이다. 대화의 간극에 숨겨진 많은 교차하는 욕망들을 이해하고, 아이 스스로 주체적으로 욕망할 수 있도록 안내하는 데 그 목적이 있다.

'자녀를 설득하고 싶다면…' 칭찬이 좋은 방안이라는 것은 인정한다. 하지만 '자녀가 자신의 주체적 욕망을 알게 하고 싶다면' 칭찬은 나쁜 방안이다. 이렇게 표현하고 싶다.

"칭찬은 비윤리적이다."

이유는 타인의 욕망대로 살게 하는 도구로 활용될 수 있기 때문이다.

칭찬의 힘을 예찬할 때, '칭찬은 고래도 춤추게 한다'는 말을 자주 인용한다. 그 말 자체가 거짓이라고 할 수는 없다. 분명 효과가 있다. 그런데 생각해보아야 할 것이 있다.

'고래는 정말 춤추고 싶었을까?'

춤추고 싶지 않은 고래를 춤추게 만드는 것, 놀라운 힘이 맞지만 동시에 고래답지 못한 삶을 살게 한다. 고래는 거대한 대양의 물살을 가르며 큰 바다를 가로지르고 싶다. 그들의 꿈은 큰 바다이지, 사람들을 웃게 만드는 광대가 아니다.

우리 아이를 춤추는 광대로 만들고 싶다면 아낌없이 칭찬하기 바란다.

초등 부모의 언어습관

Q. 말이라는 것, 정말 중요하죠. 초등학생들에게 엄마아빠의 언어가
어느 정도 영향을 미칠까요?

극단적으로 말씀드려서… 아이를 살릴 수도 있고, 죽일 수도 있
을 정도로 중요합니다. 그런데 학부모님 가운데 자녀에게 어떤 피해
가 가는지도 모르고 습관적으로 좋지 않은 언어를 사용하는 분들이
계십니다. 초등 6년 동안 지속적으로 말이죠. 특히 안 좋은 표현을
아침 등교하기 직전에 하는 경우, 정말 피해가 심각해집니다.

Q. 그 바쁜 등교 직전에 짬 내서 좋은 말을 해주기도 바쁠 텐데….

저는 보통 아침에 제일 먼저 교실에 도착해서 아이들을 기다립
니다. 그리고 아이들이 들어올 때 눈인사를 합니다. 그때 뭔가 제 눈
길을 피하거나, 표정이 어두운 아이들이 있어요. 그러면 오전 쉬는
시간에 조용히 다가가서 물어봅니다. 혹시 아침에 힘든 일이 있었는

지…. 십중팔구 등교하기 직전 엄마나 아빠에게 자존심 상하는 말을
듣고 온 경우입니다.

Q. 초등 아이들의 자존심을 상하게 하는 말… 그게 뭘까요?

판단이 섞인 표현인데요, "게으르다, 그거 하나 제대로 못하냐,
남들 다 하는 건데 넌 왜 그러냐?" 등등의 스치듯 지나가는 한마디
말입니다.

Q. 똑같은 말이라도 아침에 이런 말을 듣고 등교했을 때, 더 피해가 심
각하다고 말씀하신 이유가 있나요?

네, 대한민국의 70퍼센트 이상 어린이들이 내향성입니다. 내향
적 아이들은 마음에 꽂힌 표현을 계속 곱씹습니다. 아침에 들은, 감
정에 상처를 준 한마디 말을 하루 종일 간직하고 있죠. 쉬는 시간이
나 점심시간에 친구들과 즐겁게 놀다가도 문득문득 그 표현이 자신
을 괴롭힙니다.

예를 들면, 아침에 좀 늦게 일어나서 게으르다는 말을 들었습니
다. 그럼 그 표현이 하루 종일 맴돕니다. 문제는 뭐냐면, 그렇게 하루
종일 반복해서 떠올리다 보면 자신을 게으른 사람으로 단정 지어 버
리게 된다는 겁니다. 그걸 다시 회복시키려면 정말 많은 노력과 시

간이 필요합니다. 툭 내뱉기는 쉽지만, 아이를 제자리로 돌려놓기는 너무 힘이 듭니다.

Q. 그럼, 저녁에는 그런 표현을 해도 되나요?

물론 안 하는 게 좋죠. 그래도 저녁에는 다시 회복시킬 가능성이 있습니다. 엄마나 아빠가 말을 툭 내뱉었어도, 고학년의 경우 서로 논쟁이라도 할 여유가 있습니다. 아이 나름대로 저항할 기회가 있죠. 부모도 시간을 들여 설명할 여유가 있고요. 그러다 자신이 심했다 싶었을 때 '미안하다'고 말할 수도 있습니다. 그런데 아침 등교시간에는 그 모든 시간적 여유가 없습니다. 짧게 핵심적으로 기분 상할 말을 툭 던져놓고 아이를 재촉해 학교에 보내는 거죠. 사실 이건 무책임한 행동입니다. 아이는 그 말을 하루 종일 지고 학교에 앉아 있는 거죠.

Q. 감정이 상하는 말은 안 하는 게 좋고, 일단 아침 등교시간에는 무조건 피해야겠네요. 이 외에, 작고 사소하지만 아이에게 안 좋은 영향을 끼치는 부모의 언어습관들을 몇 가지 짚어주시죠.

네, 가장 먼저 말씀드리고 싶은 표현은 '겨우 그 정도 가지고', '겨우 그딴 일로', '겨우 그깟 것 가지고'입니다.

Q. 일상에서 자주 쓰는 말이잖아요? 그리 심한 표현도 아닌데…. 이런 말에 문제가 있나요?

부모가 의식하지는 못하지만 아이들의 자존감을 아주 많이 낮추는 표현이기 때문입니다. 아이들이 친구 때문에, 공부 때문에 등등 부모 앞에서 힘들다는 표현을 할 때가 있습니다. 또는 하기 싫다는 말을 합니다.

그때 사실 어른들이 보기에 별일 아닌 경우가 많습니다. 그래서 자기도 모르게 "뭐 그딴 일로 그렇게 고민하냐. 그냥 시간이 지나가면 해결되는 거야", "그냥 잊어버려. 뭐 그 정도 가지고 신경 쓰고 그래"라고 위안인 듯 해결책인 듯한 애매모호한 말을 합니다. 그런데 이 표현이 아이들의 자존감을 낮춥니다.

Q. 그렇게 심한 표현 같지는 않은데 왜 자존감을 낮추죠?

아이 입장에서는 해결된 것이 아무것도 없음에도, 어떤 저항도 할 수 없게 만드는 표현이기 때문입니다. 일단 부모가 아이의 고민이 심각하다는 걸 인정해주어야 아이 입장에서는 문제 해결을 위한 노력을 할 위치에 올라서게 됩니다.

그런데 부모가 그 고민 자체를 아예 고민거리가 아니라고 단정 짓기 때문에 아이는 자신의 고민과 걱정에 저항할 힘이 없어집니다.

그냥 수동적 위치에 머물게 되죠. 자존감은 어떤 문제이든지 그 문제에 직면하게 만드는 용기를 획득했을 때 형성됩니다. 그런데 문젯거리도 아니라고 하니 아이는 방향성마저 잃게 되죠.

Q. 또 부모들이 피해야 할 언어습관에는 뭐가 있을까요?

아주 짧은 말인데요, "아휴~"입니다.

Q. 이건 한숨 쉬는 거잖아요. 아니, 부모가 아이 앞에서 한숨도 못 쉬나요?

"아휴~" 하면서 한숨을 쉬거나, '쯧쯧쯧' 혀를 차면서 고개를 가로젓는 행위 자체는 아주 사소합니다. 하지만 아이들 입장에서는 자기 자신이 정말 한심한 사람이라는 이미지가 만들어집니다.

아이들은요, 기대감을 먹고삽니다. 늘 실수하고 다투고 잘못해도, 내일은 뭔가 더 새로운 일이 있을 거라는 기대감, 엄마나 아빠가 나를 인정해주고 믿어줄 거라는 기대감, 친구들과 즐겁게 놀 수 있을 거라는 기대감, 선생님으로부터 칭찬받을 거라는 기대감…. 이 기대감을 모두 한 번에 무너뜨리는 표현이 바로 '아휴'입니다. 말만 안 했지 '넌 뭘 해도 안 될 거야'라는 표현과 똑같습니다.

Q. 그럼, 이제 방향을 돌려서 아이들에게 좋은 영향을 미치는 부모의 언어습관도 알려주세요.

간단하면서도 어려운 게 있습니다. 아이와 마주치면 일단 얼굴에 살짝 자상한 미소를 짓는 겁니다.

Q. 미소요? 이건 언어습관이라기보다는 표정이잖아요.

네, 아이들은 말보다 표정으로 먼저 알아듣습니다. 어떤 상황이든지 일단 미소를 지어주는 것이 아이들에게는 큰 힘이 됩니다. 사실 부모님들은 자기 얼굴 표정이 어떤지 잘 모릅니다. 평소 아이에게 말하는 톤으로 거울을 보면서 한 번 말씀을 해보세요. 내가 이렇게 차갑고 무뚝뚝한 표정, 아무 감정 없는 눈동자를 하고 있구나 하고 놀랄 겁니다.

일단 아이를 보면 미소부터 짓는 것, 작고 사소하지만 아주 좋은 습관입니다.

Q. 그럼, 표정 외에 아이들에게 도움이 되는 표현이나 행동에는 또 뭐가 있을까요?

아이가 일단 어떤 감정 표현을 하면, 그걸 따라 하면 됩니다. 영희가 "아이, 짜증 나!"라고 얘기합니다. 그럼 엄마는 그 말을 바로 따라 하면 됩니다. "짜증 났구나."

Q. 그게 끝인가요? 그런다고 아이의 짜증이 바로 해결되는 건 아니잖아요?

네, 맞습니다. 바로 해결되지 않아요. 그런데 많은 부모들은 이렇게 물어보죠. "왜 무슨 일 있어?", "뭣 땜에 짜증 나는데?" 마치 바로 해결해줄 듯이 말이에요.

하지만 이렇게 물어보고 아이가 짜증 나는 이유를 설명해도 짜증은 해결되거나 쉽게 가라앉지 않습니다. 짜증이 부모에게 전이될 뿐입니다. 그러면 다시 안 좋은 레퍼토리가 시작되죠. "그거 별거 아니야. 그깟 것 가지고 뭘 그러냐? 잊어버려!" 이런 식으로요. 앞으로는 방법을 바꿔서, 그냥 네가 지금 짜증 났다는 사실을 엄마아빠가 알고 있다는 정도만 느끼게 해주세요. 그러기 위해 말을 반복해서 따라 하는 거죠.

어차피 아이들도 짜증을 해결해달라기보다는, 내 상태가 지금 이러니 알아달라는 겁니다. 그리고 짜증은 본인 말고는 누가 대신 풀어줄 수 있는 게 아닙니다. 부모는 아이의 상태를 인지만 해주면 되고, 인지하고 있다는 걸 알려주세요.

Q. 부모의 언어습관에 대해 하나하나 짚어가려면 끝도 없을 것 같은 데요, 마지막으로 정리를 좀 해주시죠.

임영주 교육 전문가의 책,《하루 5분 엄마의 말습관》에 보면 이런 표현이 나옵니다.

'일상의 작은 언어에서 시작되는 아이의 놀라운 기적.'

내 자녀에게 기적 같은 일이 일어나길 바란다면 간단합니다. 엄마아빠의 말습관을 되짚어보고 바꾸면 됩니다. 아이는 부모가 말한 대로 된다는 사실, 잊지 않으시기 바랍니다.

PART 2

초등 자녀와 대화하기
- 실전편

4장

대화에도
기술이 있다

: 제4화 :
말 없는 가족

영희야, 그동안 엄마가 화를 너무 많이 낸 것 같아. 앞으로는 우리 딸한테 화내지 않을게.

정말? 정말 화내지 않을 거지?

그럼. 화내지 않을 거야. 단, 조건이 있어. 네가 솔직하게만 말해주면 돼.

알았어. 엄마 나 사실 영철이(아빠같이 생긴 애)랑 사귀고 있어.

뭐? 안 돼!

솔직하게 말하면 화내지 않을 거라며!

무조건 안돼!

그냥 차라리 말하지 마. 세상에는 도저히 용서받지 못하는 일도 있어.

13

대화는 엉덩이로 한다

잠자기 전은 모두가 다 솔직해질 수 있는 시간입니다.

그렇다 보니 아이들이 하루 중 속상했던 일에 대해

엄마에게 가장 절절하게 이야기할 수 있는 시간이기도 합니다.

—— 이영애, 《잠자기 전 15분, 아이와 함께하는 시간》 중에서 ——

그릿(GRIT)은 미국의 심리학자 앤절라 더크워스가 개념화한 용어다. 각 알파벳은 성장(Growth), 회복력(Resilience), 내재적 동기(Intrinsic Motivation), 끈기(Tenacity)라는 단어의 첫 글자를 나타낸다. 그리고 그릿은 이 모든 걸 들여서 '끝까지 해내는 힘'을 의미한다. 실제 그녀가 쓴 저서《그릿》은 많은 객관적 사례를 통해 성공적으로 일을 마치는, 혹은 마지막까지 통과하는 데 결정적 역할을 한 것이 '열정과 끈기'였음을 보여준다.

고등학교에서 전교 1등을 하는 학생들의 공통점이 있다. 바로 엉덩이로 공부를 한다는 사실이다. 마치 '앉아 있기 시합'을 하는 사람들처럼 꾸준하고 끈기 있게 하루에 정해진 시간(약 12시간 이상)을 앉아 있는다.

초등학교, 중학교, 고등학교까지 운동선수로 지내는 아이 모두가 인정받는 선수로 자리 잡는 건 아니다. 부상을 당하기도 하고 진로에 대한 불확실성 등 여러 변수로 인해 그만두기도 한다. 그래서 늦게야 대학을 가기 위한 공부를 하는 이들 중에, 정말 많이 늦게 시작했음에도 유명 대학에 입학하는 학생들이 있다. 그들이 말한 비결은 생각보다 단순했다. 그냥 오래 앉아 있기만 했다는 것이다. 하루 10시간씩 온 힘을 다해 뛰었던 운동선수들에게 그냥 앉아 있기만 하는 건 그리 어려운 일이 아니었다.

무언가 한 가지를 꾸준하고 끈기 있게 해내는 힘 '그릿'의 힘은 초등 아이들에게도 마찬가지로 적용된다. 수업 중 주어진 과제들을 마지막까지 해내는 아이들을 보면, 그들의 미래가 보이는 듯한 착각이 들 때가 있다. 실제로 그들이 졸업하고 몇 년 뒤에 영재고, 과학고와 같은 특수목적고에 입학했다든가, 유명 대학교에 들어갔다는 소식이 들려온다.

그러면 가만히 앉아서 그 아이의 초등 시절을 떠올린다. 공통적으로 그들은 담임과 대화를 잘했다. 여기서 대화란 공부와 관련된 이야기만을 뜻하지 않는다. 자기 고민, 다른 사람과의 관계, 생활습관 등 큰 주제부터 사소한 것까지 궁금하고 의문 나는 것들을 언제든 묻고 대화했다. 어떤 때는 귀찮다고 느껴질 정도로 시시콜콜 다가와서 말을 걸기도 했다.

4장 대화에도 기술이 있다

그 아이들과의 면담 기록, 학부모와의 상담 기록을 보면 공통적으로 드러나는 것이 한 가지 더 있다. 그들은 바쁜 일상 중에서도 집에서 부모와 아이들이 함께하는 시간을 의도적(의식적)으로 가졌다는 사실이다. 그러면서 자연스럽게 많은 대화를 할 기회가 있었다.

요즘 아이들의 인성교육을 위해 '밥상머리 교육', '하루 10분 대화' 등을 강조한다. 대화 시간 확보는 아주 중요한 부분이다. 대화법과 관련된 아무리 많은 강연을 듣고 교재를 읽어도 막상 대화하는 시간이 적다면 아무 의미가 없다.

유대인들이 그토록 놀라운 일들을 해내는 그릇을 지닌 이유는 그들의 가족간 대화 시간이 다른 민족들에 비해 월등히 많기 때문이다. 비록 종교적 성향이 다분하더라도 그들에게는 《토라》와 《탈무드》가 있다. 유대인들은 반드시 정해진 시간, 정해진 장소에서 가족이 모여 《토라》와 《탈무드》를 놓고 대화를 한다. 우리는 가정에서 보통 이렇게 말한다.

"독서를 많이 해야 한다."
유대인들은 이렇게 말한다.
"《토라》에 나온 이 문구를 너는 어떻게 생각하니?"
"《탈무드》에서는 이 문제를 이렇게 해결했는데 너라면 어떻게 하겠니?"

그들은 독서하라고 말하지 않는다. 책 내용에 대해 같이 대화해 보자고 한다. 이것이 큰 차이다.

어떤 주제를 놓고 함께 대화하는 시간이 많아지면 결국 끝까지 포기하지 않고 해내는 것이, 도저히 해결할 수 없을 것 같은 상황에서도 멈추지 않고 고민하는 것이 최선이라는 사실을 자연히 인식하게 된다. 아이와 함께 대화하는 시간이 많아질수록 자녀의 그릿 능력치는 매번 업데이트된다.

요즘 씁쓸한 장면을 자주 본다. 식당에서 혹은 카페에서, 심지어 가족들이 함께 여행 간 펜션에서도 가족 간에 서로 대화가 없다. 아이들은 아이들대로 스마트폰을 보고 있고, 부모 역시 각자 자기 휴대폰을 바라보고 있다. 이건 함께 있지만 엄격하게는 따로 있는 모습이다. 이렇게 바쁜 와중에 외식을 했으니 이걸로 충분하다는 형식적인 함께 있음일 뿐, 대화는 없다. 그 아이들에게 그릿은 생성되지 않는다. 빠르게 수시로 재미있는 유튜브를 찾아들어가는 손놀림만 있고, 무언가 끝까지 해내는 힘은 요원하다. 그 아이들에게 남는 것은 짧은 흥밋거리를 찾아 수시로 관심의 대상을 바꾸는 능력뿐이다. 그들에게는 한 시간 동안 앉아서 하나의 줄거리로 된 책을 읽는 것조차 제대로 해낼 끈기가 존재할 수 없다.

자녀와 대화를 하고 싶다면, 대화를 통해 삶을 나누고 싶다면, 하루 일과표를 작성할 때 맨 먼저 대화시간부터 채워놓아야 한다. 가족을 위한 1순위는 함께 앉아 대화할 시간과 장소 확보다. 이것이 없으면 무수히 많은 대화법을 익혀도 마치 책장에 꽂혀 있는 한 권의 책에 불과할 수 있다. 몇 년이 지니도록 그저 장식처럼 붙박이가 되어 있을 가능성이 농후하다.

한 교육 관련 재단에서 고등학생들을 대상으로 대화 실태 조사를 했다. '부모에게 자신의 고민을 이야기하느냐'는 질문에 36.8퍼센트가 '하지 않는다'라고 답했다. '가끔 한다'는 학생이 45.6퍼센트였다. '자주 한다'는 응답은 17.6퍼센트에 불과했다.

얼마 안 남았다. 자녀가 초등 6학년이라면 3년 뒤 고 1이 되었을 때 17.6퍼센트에 들어가 있기를 바란다. 일상적인 대화조차 하지 않는 환경에서 자신의 고민을 부모에게 이야기하지 않는 것은 지극히 당연한 수순이다. 기억했으면 좋겠다.

"대화는 엉덩이로 하는 거다."

안 되는 건 '안 된다'

갑질은 계속된다, 멈추라고 하지 않으면.

── 정문정, 《무례한 사람에게 웃으며 대처하는 법》 중에서 ──

아이들은 자신의 욕망을 관철시킨 경험을 무섭도록 축적한다. 비슷한 환경이나 상황에 놓이면 그 방법을 드러내놓고 사용한다. 대표적인 것이 대화는 없고 떼를 쓰는 경험이다. 이것이 통과되어 장난감을 획득한 아이는 적용범위를 넓힌다. 아이스크림, 과자, 스마트폰, 게임기, 외식 메뉴, 옷, 운동화 등 무궁무진하다. 공부도 당연히 하지 않게 된다. 그들의 손에는 책 대신 갖고 싶은 온갖 다른 것들이 오고 간다. 이럴 때 오랜 대화 시도는 오히려 마이너스다. 자녀에게 온갖 논리로 설명을 해주어도 결국은 똑같다.

> **"사줘!"** (무조건 사달라니깐 – 무대포로 떼쓰는 강아지)
>
> **"딴 애들은 다 갖고 있단 말야!"**
>
> (나도 당연히 가져야 한다구 – 합리적인 핑계를 대는 강아지)
>
> **"미워!"** (안 사주면 계속 미워할 거야 – 협박하는 강아지)
>
> **"나만 없어서 기죽어!"**
>
> (정말 그냥 우울해져버린다 – 정서를 자극하는 강아지)
>
> **"그것만 가지면 정말 신날 것 같다구."**
>
> (그게 없어서 지금 행복하지 않다구 – 조건부 행복을 제시하는 강아지)

기본적으로 대화가 가능하려면 서로 협상하려는 자세가 있어야 한다. 협상은 욕망을 조율하는 과정이다. 무조건 내 욕망을 관철시키려는 자세일 때 대화는 필요 없다. 그때는 《손자병법》이 필요하다.

《손자병법》의 핵심은 최소한 지지 않는 싸움을 하는 것이다. 대표적인 방식이 속전속결이다. 속전속결에서 '망설임'은 불필요한 요소다. 딱 한마디만 필요하다.

"안 되는 건 안 되는 거다." (대화 끝!)

아이들의 다양한 떼쓰기 강아지들에게 안절부절못하는 학부모가 많다. 또 형제가 있는 경우 아이들은 '차별'을 이유로 요구한다.

"형은 사주면서 난 왜 안 돼!" (형보다 날 덜 사랑한다 이거지!)
약간 단호한 말투로 말해준다.
"너도 열두 살이 되면 사줄 거야. 2년만 기다려."
맏이가 요구할 때도 있다.
"왜 쟤는 되고 난 안 되는데?" (동생만 더 예뻐하는 거 아냐?)
이럴 때는 약간 부드럽게 말해준다.
"설마 3학년인데… 여덟 살, 1학년이랑 같은 수준으로 놀겠다는 건 아니지?"

아이들의 욕망을 무시해서는 안 된다. 더욱 안 되는 건 아이들의 욕망에 휘둘려 원칙 없이 이것저것 해주는 것이다. 채울 수 있는 욕구가 있고, 잠시 지연시켜야 할 욕구가 있으며, 절대 안 되는 욕구가 있다. 판단이 잘 안 설 때는 일단 잠시 지연시키는 것이 좋다. 떼쓰는 경우는 망설임 없이 'NO'를 선언한다.

엄마에게는 옐로카드와 레드카드가 있다는 사실을 잊지 말자. 대화가 필요한 순간이 있고 경고와 퇴장이 필요할 때가 있다. 모든 사태를 '대화'로 풀려는 시도는 욕심이다. 대화에는 무수한 욕망의 추구가 내재해 있으며 합리적인 이유를 대지만 내면에 떼쓰고 협박하는 과정이 오고간다. 그 과정을 지루하게 거치다 보면 정작 대화가 필요한 순간에 사용할 에너지가 고갈된다.

대화는 뇌가 많은 에너지를 사용하게 만든다. 그래서 뇌는 대화를 싫어한다. 떼쓰는 아이는 자기도 모르게 대화보다는 계속 쉬운 방식을 택한다. 가정에서 이것이 고착화된 아이는 학교에서도 같은 방식을 고수한다. 그러면 대인관계가 지속되기 어렵고, 더더욱 대화보다는 고집과 자기 억지의 방법만 사용한다.

자녀의 대화력을 키우고 싶다면, 떼쓰는 순간 아이와 대화를 하지 않는다. 그들이 쉬운 방식을 고집할 때 딱 두 가지 말만 한다.

"NO!"
"NEVER!"

잊지 말자. 대화가 항상 필요한 것은 아니다.

대화 시 가스라이터가 되지 마라

누군가 날 조정하고 있다.

─── 로빈 스턴, 《가스등 이펙트》 중에서 ───

심리학자 로빈 스턴이 개념화한 용어로 '가스라이팅(Gaslighting)'이 있다. 이는 '친밀한 관계에서 일어나는 정서적 학대'를 뜻한다. 피해자 입장에서는 자신이 조종당하는 줄도 모르고 시간이 갈수록 자아는 없어진 채, 정서적으로 피폐해진 모습을 보인다.

문제는 이러한 가해자(가스라이터)가 매우 친밀한 관계의 사람이기 때문에 함부로 저항할 수도, 인지하기도 어렵다는 데 있다. 가스라이터는 매우 비윤리적인 방법을 사용하는데, 바로 상대방의 공감능력을 이용하여 정서적 노예 상태로 만드는 것이다. 안타깝지만 많은 아이들이 풍부한 공감력을 지니고 있고, 친밀한 양육자에게 드러나지 않는 '가스라이팅'을 당한다. 그리고 가스라이터들이 사용하는 대화력은 생각보다 상당히 수준급이다. 누구도 그들의 조종을 눈치채지 못하게 할 뿐 아니라, 오히려 그 과정 자체를 칭찬하게 만든다. 정말 모범적인 사례로 전파까지 된다.

가스라이터들이 자기도 모르게 사용하는 대표적인 대화가 있다.

"엄마가 말했잖아. 조심하라고. 그렇게 하면 다친다고."
(네가 지금 다친 건 너 때문이야. 네가 엄마 말을 안 들어서 그런 거야. 앞으로 어떤 일이든 엄마 말을 꼭 들어. 그게 네가 살 길이야.)
"네가 다치면 엄마가 속상하잖아."
(네가 희생되는 건 상관없어. 너 때문에 엄마가 힘들면 안 돼. 그건 죄야. 알았어?)

"엄마아빠가 힘들게 일하는 건 다 우리 가족을 위해 그러는 거야."
(너도 가족을 위해 힘들어도 네 할 일… 공부를 해. 지금 누굴 사귀면서 놀 때가 아니야.)

가스라이터들은 폭력적인 언행을 하지 않는다. 부드럽고 친절하게 설명하듯 조곤조곤 이야기해준다. 외부에서는 아이의 말을 잘 들어주고 있는 듯 보인다. 하지만 그들은 아이의 말을 듣지 않는다. 아이의 정서적 감정을 불러일으키고, 부모에게 복종하도록 유도한다. 그들이 태어난 이유는 마치 애국하듯 부모의 뜻을 받들기 위함으로 인식시킨다. 아이의 감정은 메말라가고, 항상 부모를 이해하려 애쓰는 효자가 된다. 그러곤 다짐한다.

'나 때문에 엄마가 아프면 안 돼.'

나르시시즘적인 부모가 특히 '가스라이터'의 역할을 한다. 중심이 자기 자신에게 있다. 부모의 시선이 자녀에게 향하는 것이 아니라, 아이의 시선이 부모를 향하게 만든다. 마치 '노 룩 패스'와 비슷하다. 아이는 부모의 손끝 움직임을 보고 반응하며, 부모는 내 가방을 받으라는 듯 무언가 슬쩍 밀어주기만 한다. 아이는 잽싸게 달려와서 부모의 짐을 짊어진다. 가스라이터는 그러한 과정에 양심의 가책을 느끼지 않는다. 그 상황 자체를 누리는 것이 훨씬 더 익숙하고 편하기 때문이다.

가스라이터가 되지 않으려면 아이가 자신을 위해 감정을 사용하도록 만드는 대화를 해야 한다.

"넘어졌구나. 아프겠다. 피가 나네. 겁나겠다. 그래도 상처가 깊진 않아. 소독해줄게. 조금 따끔할 거야." (겁나면 울어도 돼. 그래도 엄마는 옆에 있어주면서 치료해줄 거야. 같이 있어줄게.)

"엄마도 가슴이 아파. 하지만 정말 힘든 건 너야. 널 원망하지 않아. 엄마 걱정은 안 해도 돼." (엄마도 이 상황이 힘들어. 그래도 위로를 받아야 할 대상은 너야. 엄마가 아니야.)

"엄마아빠가 이렇게 일하는 건 엄마아빠 몫이야. 가족을 위한 것도 있지만, 각자의 성취를 위한 것도 있어. 너도 부모를 위해 뭘 하기보단, 네가 하고 싶은 것이 무엇인지 찾아."

가스라이터 중에서도 최악은 정서적 죄책감을 심어주는 경우다.

"아빠가 말했지. 네가 이렇게 말을 안 들으니 엄마가 자꾸 아픈 거야."

"그렇게 속상하게 하다가 엄마가 병이라도 나면 어떻게 할 건데. 너 엄마 없이 살 수 있어?"

우드헐리더십연구소 설립자 나오미 울프는 로빈 스턴의 저서 《그것은 사랑이 아니다》의 추천 서문에서 한 아이의 모습을 이렇게 묘사했다.

아이는 아버지를 이해하려 애쓰고 있었다.

만약 우리 아이가 부모인 엄마를 혹은 아빠를, 또는 양육자인 할머니나 할아버지를 이해하려고 애쓰는 모습을 보인다면, 이미 가스라이터의 희생양이 되었다고 생각해도 된다. 아이들에게는 친밀한 관계자의 보호 아래 자신의 감정을 마음껏 느껴보는 것이 필요하다. 그러면서 '자아'를 찾아나간다.

아이는 부모를 이해해주는 위로의 대상이 아니다. 그들 역시 개인의 주체적 자아, '나는 누구인지'를 찾아가는 여정에 오른 한 사람이다. 양육자는 아이가 안전하게 그 생각을 할 수 있도록 잠시 돌보고 있을 뿐이다.

16

대화보다 즉각 행동이
더 중요하다

아이를 가르치려 하지 말고

아이의 눈과 말에 반응하라.

그때 아이는 가장 많이 성장한다.

── 김정미, 《가르치지 말고 반응하라》 중에서 ──

영수는 친구들과 대화를 잘 못한다. 친구들뿐 아니라 다른 모든 사람들에게 말 한 마디 건네려면 몇 번씩 고민을 한다. 그리고 결국 말을 못한다. 누군가 친절히 다가와 관심을 가져주면 그제야 조금씩 마음을 열고 대화를 시작한다. 부모나 담임이 다른 친구에게 먼저 다가가 말을 걸어보라 조언하지만 영수 입장에서는 늘 어렵다. 쭈뼛쭈뼛하다가 결국 혼자 조용히 자리에 앉아 책 읽는 것을 선택한다.

영수를 잘 모르는 어른에게는 영수는 그저 혼자 독서하기를 좋아하는 착실한 학생으로 보인다. 하지만 영수가 정말 원하는 것은 혼자 있는 시간이 아니다. 마음으로 늘 누군가와 친해져 함께 놀기를 바란다. 그러자면 자연스럽게 말을 걸고 대화에 적당히 끼어야 하는데, 그렇게 하는 것이 부담이다. 결국 혼자 있으며 회피한다. 그 과정에 책을 앞에 놓는 것은 하나의 위장막이다. '난 혼자 책 보는 게 좋아서 다른 애들이랑 같이 놀지 않는 거야'라고 주변에 거짓된 자아상을 퍼트린다.

이 정도의 상황에서는 가정에서나 교실 내에서 아무 문제가 없어 보인다. 그냥 아이가 말주변이 좀 없는 정도로, 혼자서 책을 잘 읽는 좋은 취미를 가진 아이일 뿐이다. 그러나 영수에게 점점 스트레스로 다가오는 일들이 생긴다. 아이들은 어른들이 생각하는 것보다 훨씬 친절하지 않다. 각자에게 중심이 맞춰져 있고, 자신에게 이익이 되는 것들에 포커스를 둔다. 그러한 과정 중에 영수에게 친절하게 다가오지 않는 아이들이 있기 마련이고 영수는 당황하다 해야 할 말조차 못하는 일들을 자주 겪었다.

영수처럼 무언가 말 꺼내기를 주저하거나, 자기주장을 적절히 하지 않는 아이들은 쉽게 공격의 대상이 된다.

하루는 영수가 화장실로 들어가는데 철수와 마주쳤다. 철수는 화장실에서 나오고 있었다. 좁은 화장실 문에서 영수와 마주친 철수는 작은 목소리로 중얼거리듯 욕을 했다.

"에이 씨O! 걸리적거리게 왜 내가 나갈 때 들어오고 지랄이야."

보통의 아이라면 이런 상황에서 왜 욕을 하냐며 싸운다. 하지만 영수는 당황한 채 아무 말도 못하고 옆으로 비켜서서 철수가 지나가기를 기다렸다. 이런 일들이 사실 단 한 번만 있었던 것이 아니다. 또한 철수만 그런 것도 아니다. 다른 아이들도 영수를 비슷하게 대했다. 어차피 무슨 말을 해도 아무 대꾸도 못할 거라는 상황을 파악한 아이들은 늘 그렇게 영수를 무시하며 자신의 감정을 쏟아냈다.

뒤늦게야 부당한 말을 들었음을 파악한 영수는 혼자 분을 삭인다. 점차 이런 일들이 많아지면서 내면의 분노는 상상 속에서 더욱 거세졌다. 누군가를 원없이 패버리고 싶다는 생각을 하고 실제 꿈속에서는 날카로운 가위로 누군가를 찔렀다.

처음 몇 번 이런 일을 당했을 때, 영수는 엄마에게 사실을 알렸다. 엄마는 바쁜 직장인이었고, 영수에게 이렇게 하라며 해결방법을 알려주었다.

"철수가 너한테 욕하면 똑바로 쳐다보면서 왜 나한테 욕을 하냐고 따져야 해. 그러지 않으면 걔가 계속 너한테 그럴 거야. 무슨 말인지 알겠어? 네가 그렇게 바보같이 아무 말 못하니까 그런 거잖아."

다음 날 영수는 학교에 갔고, 비슷한 상황이 벌어졌을 때 역시 아무 말도 하지 못했다. 그리고 자책을 한다.

'나는 왜 이렇게 바보같이 아무 말도 못할까?'

많은 학부모가 이런 상황이라면 아이 스스로 적절한 대응을 하게 해야 아이가 자기주도적인 삶을 살 수 있다고 생각한다. 그래서 아이가 직접 문제를 해결하도록 대화 중에 압박을 가한다.

하지만 아이마다 상황이 다르다. 영수 정도로 내향성이 강하고, 다른 사람에게 쉽게 말을 건네지 못하는 아이에게는 직접 맞대응하라는 주문은 가능하지 않은 도전이다. 영수는 지금껏 조용히 책과 대화하는 것 말고는 해본 것이 거의 없는 아이다. 영수처럼 대화를 어려워하는 아이들은 주로 두 가지에 집중한다. 책을 읽거나, 스마트폰을 본다. 그나마 독서하는 건 좀 더 나아 보이지만, 자아존재감은 똑같이 매우 낮다.

우리 아이가 학교생활에서 분명한 피해자임을 알았을 때, 부모의 반응은 '네가 해결하라'가 되어서는 안 된다. 이건 피해를 입은 자녀와 대화하는 좋은 방식이 아니다. 우리 아이가 피해를 입은 사실을 들었을 때의 대화 방향은 함께 그 상황에 분노해주는 것이다.

"너한테 그렇게 함부로 하는 아이가 있었다니 정말 나쁜 아이구나. 안 되겠다. 다시는 그런 일이 일어나지 않도록 엄마가 담임선생님께 말씀드려야겠다."

그리고 다음 날 바로 선생님께 전화를 걸어 상황을 알려야 한다. 담임교사 입장에서 진짜 그런 일이 있었는지 사실관계를 확인하고 맞다면 적절한 사과를 받을 수 있도록 해달라고 요구를 해야 한다. 그냥 애들끼리 좀 욕하고 그럴 수 있지, 너도 함께 욕을 하면 돼지라며 아이 스스로 맞대응하게 시키는 것은 문제 상황을 편하게 해결해보려는 작은 꼼수에 불과하다.

우리 아이가 피해자임이 명확할 때는, 아이 스스로 해결하라는 주문은 삼간다. 스스로 해결할 능력이 있었다면 그런 피해자가 되지 않았다. 물론 아이에게는 주체적 문제 해결 능력이 있어야 하지만, 피해자 상황에서 그런 능력을 키우라고 요구하는 것은 가혹한 부담을 안긴다. 아이는 스스로 일어서야 하지만 동시에 보호받아야 한다. 적절한 보호막이 있다고 느껴질 때 자신의 의지로 일어서 보고자 하는 용기를 가질 수 있다.

작가 알랭 드 보통은 저서 《불안》에서 아이가 성장해 어른이 되는 과정을 이렇게 표현한다.

"어른이 된다는 것은 냉담한 인물들, 속물들이 지배하는 세계에서 우리 자리를 차지한다는 의미다."

아이가 혼자 힘으로 냉담하고 속물들이 지배하는 교실에서 자신의 자리를 차지하기 힘들 때가 있다. 부모의 보호막이 필요한 순간이 오면, 대화를 멈추고 즉각 행동에 나서는 것이 최상의 대화다.

초등 자녀, 첫 고백을 알게 되면

Q. '초등학생들의 첫 고백', 좋아한다는 고백 얘기겠죠? 갑자기 황순원의 단편소설 <소나기> 생각이 납니다. 윤 초시네 증손녀가 소년에게 조약돌을 던지며 "바보"라고 말하던 장면… 그리고 그 조약돌을 주워 조용히 주머니에 넣던 소년…. 사실 전 그 장면이 서로에 대한 '고백'이라고 느꼈거든요. 요즘 초등학생들은 어떻게 좋아하는 감정을 표현하나요?

가장 기본적으로 다른 친구들 모르게 좋아하는 친구 사물함이나 책상 서랍에 초콜릿, 인형, 편지 등을 넣어놓습니다. 보통 다른 친구들 모르게 뭔가 선물하는 걸로 자신의 감정을 고백하죠.

Q. 학교 교실에 다른 친구들이 있는데 어떻게 몰래 그런 것들을 사물함에 넣어놓을 수 있죠?

뭐, 방법은 많습니다. 체육실이나 음악실 수업 도중 화장실 좀 다녀오겠다고 하고 교실 가서 사물함에 넣어놓고 오기도 하고요. 아침 일찍 등교해서 친구들이 도착하기 전에 넣어놓는 방법도 있습니다. 학생 상담 중에 제게 부탁하는 아이들도 있습니다.

"선생님… 제가 철수를… 좋아하는데요, 이 편지 애들 아무도 없을 때 철수 사물함에 좀 넣어주세요."

"선생님 저… 형민이랑 짝이 되게 해주세요. 왠지는 묻지 말아주세요."

Q. 짝이 되게 해달라는 아이도 있나요? 그럼 그때는 어떻게 하시나요? 정말 짝이 되게 해주시나요?

네, 짝이 되게 해줍니다. 용기 내 부탁한 건데 담임으로서 그 정도는 들어줘야죠. 사실 초등학생이 이성 친구를 좋아한다고 제3자에게 말하는 건 상당히 어려운 일입니다. 그걸 대수롭지 않게 생각하면, 작은 말 한마디로 생각보다 큰 수치감을 안길 수 있고요.

Q. 그렇다고 다음 날 바로 "영희랑 철수랑 짝이다" 이렇게 말해버리면 다른 친구들이 다 알게 되잖아요. 뭔가 쟤네들 좋아하나 보다 하고 알아버릴 텐데요.

그렇게 대놓고 짝을 바꿔줄 수는 없고요. 보통 우리 반 같은 경우 한 달에 한 번 짝 바꾸는 날이 있습니다. 제비뽑기로 정하는데 그 때 짝이 되게 해줍니다. 그러면 그냥 자연스럽게 짝이 바뀐 것처럼 됩니다.

Q. 아니, 제비뽑기인데 어떻게 영희가 철수랑 짝이 되게 하나요?

아… 이것 참, 영업비밀인데. 말을 해도 되는지…. 보통 아이스 크림 막대기에 이름을 적어놓고 뽑습니다. 뽑았을 때 그 이름이 적 힌 학생과 짝이 되는 거죠. 미리 영희에게 알려줍니다. 세 번째 막대 기에 철수 이름이 적혀 있다고 말이죠. 그럼 제비 뽑을 때 영희가 재 빨리 앞으로 나와서 먼저 세 번째 막대기를 뽑는 겁니다. 이 자리를 빌어 혹시 우리 반이었던 제자들이 이 책을 읽고 있다면, 공정치 못 한 제비뽑기가 있었음을… 너그러이 용서해주길 바랍니다. 그리고 공표하겠습니다. 용기 있는 고백을 하는 친구들은 언제든 짝을 바꿀 수 있습니다.

Q. 사실, 초등 고학년 정도 되면 이성에 대해 관심과 호기심이 많잖아 요. 내가 누군가를 좋아한다는 감정이 나쁜 게 아닌데 왜 그걸 다른 아이들에게 그렇게 숨기려 하는 걸까요?

표면상은 부끄러움 때문인 것처럼 보입니다. 그런데 사실은 두려움 때문입니다.

Q. **두려움이요? 두려움이라면… 거절당할까 봐 그런 건가요?**

네, 맞습니다. 편지를 한 통 쓰기까지… 선물을 고르기까지… 사실 수도 없이 고민했을 겁니다. 내가 이 선물을 주었을 때 과연 좋아할까? 싫어하지는 않을까? 만약 날 싫어하면…. 그리고 그걸 다른 친구들이 알게 되고 소문을 내면 아…. 감당하기 어려울 거란 생각이 드는 거죠.

Q. **사실 어른들 눈에는 그저 그런 과정이 예뻐 보이고 그렇게 큰일까지는 아닌 것 같은데, 아이 입장에서는 자신의 감정을 표현하는 게 부담이 많이 되겠네요. 이성교육 참 중요한데 첫 고백과 관련해서 자녀들에게 알려주어야 할 사안이 뭐가 있을까요?**

첫 고백에 대한 에티켓 교육을 해줘야 합니다. 시기는 4학년 정도가 되면 말해주기를 권합니다.

Q. **첫 고백 에티켓 교육이요? 좀 더 설명을 해주시죠.**

사실 첫 고백은 예상치 못한 장소와 시간에 공개됩니다. 책상에서 교과서를 꺼내는데 갑자기 예쁘게 포장된 초콜릿이 나왔어요. 옆에 있던 짝꿍이 큰 소리로 말하죠.

"철수가 초콜릿 받았다!"

갑작스런 상황에 사실 철수도 당황스럽죠. 다른 애들이 우르르 몰려들어서 초콜릿을 나눠달라 하고, 편지는 누구한테 왔냐고 묻고 난리가 아니죠. 이때 이런 걸 처음 경험하는 당사자는 얼떨결에 초콜릿을 나눠주거나, 그 자리에서 편지를 열어보거나 하는 실수를 합니다.

그래서 학기 중, 아이들 간에 몇몇이 좋아하는 감정이 생기는 것이 보이면, 제가 미리 공지합니다. 선물이나 편지를 받으면 주변에 자랑하듯 공개하지 말고, 일단 가방에 잘 넣어 집에 가서 열어보라고 말이죠. 그것이 자신의 속마음을 드러낸 상대방에 대한 조심스런 배려라고 말해줍니다. 그리고 사실 그다음이 더 중요합니다.

Q. 더 중요하다는 건 오늘의 핵심내용인 것 같은데요. 그다음에 어떻게 해야 하나요?

고백을 받았을 때, 가만히 자신의 감정을 살펴보라고 말해주어야 합니다. 내게 선물을 보내준 친구를 나도 좋아하고 있는지, 아닌지를 분별해보는 시간이 필요합니다. 본인도 좋아하면, 나름의 성의 있는 선물이나 편지로 답을 해주면 되지요. 하지만 그렇지 않을 경우, 선물에 대한 고마움을 표시하면서 하지만 너를 좋아하지는 않는다는 이야기를 정중하게 하라고 말해줍니다. 간혹 내가 차버렸다는 표현으로… 간접적으로 다른 친구들을 통해 돌아돌아 알게 하는 경우도 있는데요. 그런 방식은 자신을 좋아한다고 고백한 상대방에 대한 에티켓이 아니라는 사실을 알려줍니다.

Q. 초등학생들의 이성에 대한 고백, 정말 첫 고백이잖아요. 그 순간만큼은 그 어느 때보다도 떨릴 것 같은데… 그런데 공개적으로 드러내놓고 좋아한다고 첫 고백을 하는 아이들도 있다고 들었습니다. 사실인가요?

자주 있는 일은 아니지만, 공식적으로 드러내놓고 고백하는 아이들도 있습니다. 교실에서 다른 아이들이 보는 앞에서 선물을 주기도 하고요. 또는 톡이나 SNS에서 누구를 좋아하고 있다고 공개하기도 합니다. 하지만 사실 저는 가급적 아이들에게 이런 방식은 피하라고 교육합니다.

Q. 자신이 좋아하는 감정을 표현하는 게 잘못은 아니잖아요. 그런데 공개 방식은 피하라고 하는 이유가 있나요?

두 가지 이유가 있습니다. 첫 번째는 모든 아이들이 똑같은 발달 과정을 거치지 않기 때문입니다. 본인이 누군가를 좋아하는 감정을 표현하는 것이 분명 아무 잘못도 아니고 부끄러운 일도 아니지만 그 상황을 가지고 놀리거나 소문내는 아이들이 많습니다. 아직 성숙하지 못한 거죠.

두 번째는 이것 역시 상대방에 대한 배려 차원입니다. 내가 좋아하는 그 아이가 이렇게 공개되는 상황을 좋아할지 아니면 부끄러워할지 모르기 때문입니다. 그래서 일단 서로에 대한 감정 확인은 조심스러운 고백을 통해서 하되 감정이 확인되면 그 이후에 드러내 놓고 선물과 편지를 주고받을지, 학교 놀이터에서 함께 술래잡기를 하거나 미끄럼틀을 타고 놀지 정해도 늦지 않다고 하는 겁니다.

Q. 아니, 서로 좋아하는 감정을 확인했는데 그다음에 미끄럼틀을 타고 놀아요? 갑자기 좀 ⋯ 뭔가 유치원생으로 돌아간다는 생각이 드는데요.

좋아하는 커플들은 사소한 것 가지고도 둘이 행복해하죠. 아이들도 마찬가지입니다. 미끄럼틀을 층계로 올라가면 되는데 굳이 경사면으로 올라가면서 다른 친구 손을 잡아줍니다. 런닝맨 놀이를 한다고 하면서 이상하게 자기가 좋아하는 친구만 죽어라고 잡으러 뛰어다니죠. 뭐 그런 겁니다. 그 정도는 예쁘다 하고 봐줄 수 있죠.

Q. 초등 고학년 자녀를 둔 학부모들의 생각이 많아질 것 같습니다. 이런 학부모들께 이것 한 가지는 꼭 유의했으면 좋겠다고 말해줄 것이 있으시다면….

내 자녀가 누군가를 좋아하기 시작했다고 눈치를 채는 경우가 있습니다. 갑자기 외모에 신경을 많이 쓰고, 공부하는 것도 아닌데 방에 혼자 들어가서 편지 쓰고 포장하는 등의 행동이 나타나니까요. 그때 이렇게만 말씀하지 않았으면 좋겠습니다.

"넌 내년이면 중학생이야. 그리고 금방 고등학교 올라간다. 남자친구는(여자친구는) 대학 가서 사귀면 돼. 알았지?"

이런 말은 피하세요. 대신 자녀에게 이런 걸 알려주면 좋겠습니다. '거절당할 수도 혹은 거절할 수도 있다는 사실, 그리고 서로의 좋은 감정을 에티켓 있는 모습으로 확인해도 된다는 사실', 물론 아직 학생이라는 한계 또한 명확히 알려주세요.

Q. 초등학생들의 첫 고백…. 정리해주시죠.

초등학생 자녀가 이성을 좋아한다는 사실을 알았을 때, 부모로서의 첫 느낌은 예쁘다 하면서도… 사실 그 이면에는 두려움이 있습니다. 두려움 때문에 자녀가 고백할 기회를 갖지 못하도록 억압하지 않았으면 합니다. 나를 인정해주고 바라봐주는 좋은 반려자를 만나서 살아가는 것은 인생에서 매우 중요한 일입니다. 그런데 그런 능력은 서른 살에 갑자기 생기지 않습니다. 초등 시기 누군가에게 고백하고, 거절당하고, 혹은 받아들이고, 자신의 감정을 주고받으며 같이 놀면서 싸우고 하는 과정이 모두 좋은 배우자를 만나는 연습을 하는 겁니다. 어떻게 연습하면 되는지 관심 갖고 살펴봐주었으면 좋겠습니다.

엄마 대화는 힘이 세다

말 없는 가족

그래. 세상에 농담은 없어.
농담 저 아래에는 아주 깊은
무의식적인 욕망이 있는 거지.
우리 영희의 무의식적 욕망을 알아내자.

영희야~ 뭐 재밌는 농담 없어?

난 농담 잘 안 해.
그냥 팩폭(팩트폭격)이 더 좋아.

팩폭?
그건 어떻게
하는 건데.
한번 해봐.

나 영철(아빠같이
생긴 애)이랑 사귈
거야. 난 영철이가 좋아.

그럼 엄마도 팩폭 하나
해줄게.

그래?
먼데?

넌, 죽도록 후회하게 될 거야.

대화로 공부력을 높인다

아이를 칭찬할 때는 원래 가진 재능이 아니라,
구체적으로 지금 노력한 것을 높이 평가해주어야 한다.

─── 나카무로 마키코, 《데이터가 뒤집은 공부의 진실》 중에서 ───

공부 잘하는 아이를 일반적으로 학습력이 좋다고 한다. 조금 더 전문적으로 '자기주도적 학습능력'을 가졌다고도 이야기한다. 학습은 공부에 비해 한정적이기 때문에 개인적으로 '공부력'이란 표현을 더 선호한다.

자녀의 공부에 관심이 없는 부모는 없다. 정도의 차이는 있으나, 우리 아이가 공부를 잘했으면 하는 바람은 무의식과 의식 모두에 전방위적으로 자리하고 있다.

그런데 초등 시기 공부에 있어 정말 중요한 것은 통지표 결과가 아니다. 통지표 결과만으로는 우리 아이에게 지속적인 공부능력이 있는지 없는지 판단하기 어렵다. 중요한 건 '공부력'의 유무다. 초등 시기 공부력이 형성되지 않았을 경우, 평생 그 영향을 받게 된다. 어쩌다 고등학교 시기에 마음잡고 공부한다고 해도, 아주 많은 어려움을 겪어야 한다.

공부력을 형성시키지 못한 아이는 대학에 가서도, 어른이 되어 회사를 다니든, 사업을 하든, 단기계약직 인턴을 하든, 전문 영역으로 자신의 능력을 확대시키지 못한다. 주어진 일들을 마감 전에 간신히 끝내기에도 바쁘게 살아간다. 그러한 상황을 타개하는 힘이 모두 '공부력'에 달려 있다.

안타깝게도 대부분은 공부를 포기한 '공포자'인 채 고등학교를 졸업한다. 이런 이유로 초등 시기 공부력의 형성은 평생 삶의 질에 매우 중요하다.

초등 시기 공부력은 시험지 결과로 판단할 수 없다. 공부력 유무와 상관없이 약간의 과제물을 수행하고 연습문제만 몇 개 더 풀어도 시험지 결과가 금방 좋아지기 때문이다. 하지만 초등 시기가 지나고 중등 이상이 되면, 배우는 범위와 깊이가 현저히 차이난다. 공부력이 형성되지 못한 학생의 경우 단지 공부머리만 가지고는 중등 교육을 따라가기 어렵다.

특목고에 입학하는 학생들 중 상당수가 초등학교 때부터 준비하는 것은 이제 공공연한 비밀이다. 이에 대해 비판적 시선이 지배적이다. 비판하는 이유 중 하나가 과도한 선행학습이다. 그리고 선행을 위한 사교육비 지출이 과다하기 때문이다. 하지만 한 번 다른 시선으로도 바라볼 필요가 있다.

그렇다면 특목고에 입학한 학생들은 모두 과도한 선행학습 때문에 불행하고, 올바른 인격 형성을 못하고 있는가? 그렇지 않다. 그들 중 대부분은 자기 자신에 대한 자긍심이 높고, 심지어 공부를 즐긴다. 그들에게 선행은 과도한 학습이 아니라, 더 넓고 깊은 호기심을 채우는 과정으로 여겨진다. 억지로 공부에 끌려가며 괴로워하는 아이와 배우는 과정을 즐기고 더 나아가고자 하는 동기가 가득한 아이의 차이는 공부력에 있다.

철수와 영수가 있었다. 둘 다 지표상으로 보면 공부를 잘했다. 수행평가도 모두 만점이었고, 학업성취도 평가 역시 둘 다 최상의 결과를 받았다. 영수는 특목고라는 것도 몰랐지만, 영수 어머님께 특목고 준비를 하는 것이 좋겠다고 말씀드렸다. 하지만 철수 어머님께는 특목고 준비를 만류했다. 표면상 보이는 결과는 같았지만, 앞으로의 방향은 다르게 제시하였다.

결정적 이유는 한 가지였다. 철수는 공부력이 없었으며, 영수는 공부력을 갖추고 있었다. 이러한 공부력의 차이는 부모가 어떤 방식으로 대화를 시도했느냐에 따라 달라진다. 공부력을 키우기 위한 대화는 '과정 중심'에 있다.

초등 아이들의 공부력에 큰 영향을 미치는 것은 '과정 중심 교육'이다. 과정 중심 교육이 공부력을 지속적으로 향상시킨다. 결과 중심 교육은 단기간에는 성과를 이루는 듯 보이나, 초 · 중 · 고등의 긴 시간 동안 진짜 자신의 실력을 쌓는 힘은 과정 중심에서 힘을 발휘한다.

자녀를 '과정 중심' 교육으로 이끌어가기 위한 좋은 방안 중 하나가 대화다. 어떤 언어로 학습에 다가가는지에 따라, 아이의 공부력이 결과 중심으로만 치중될지, 과정 중심으로 끝까지 지속될지 결정된다. 그 언어의 차이는 미세하지만, 공부력의 방향에 큰 영향을 준다.

대화 중 공부력에 큰 영향을 미치는 것이 바로 '비교'다. 일반적으로 학습에 대한 비교를 부정적 시각으로 바라본다. 하지만 공부력에 있어 '비교'는 필수다. 자신의 위치를 알게 해주기 때문이다. 단,

어떻게 비교하느냐에 따라 결과 중심의 부정적 학습관이 잡힐 수도 있고, 과정 중심의 긍정적 공부력이 다가올 수도 있다. 다음 박스 안의 내용을 꼼꼼히 비교해보기 바란다.

결과 중심 비교 대화

① 90점 넘는 아이들이 몇 명이야?

② 잘했다. 짝꿍보다 네 점수가 더 높구나.

③ 다음에 더 노력해서 95점 맞아서 1등 하자.

과정 중심 비교 대화

① 한 달 전만 해도 구구단을 더듬거렸는데, 이제 많이 익숙해졌구나.

② 열심히 독서했는데, 요즘에는 스마트폰에 빠져 있구나.

③ 네 스스로 생각하기에, 지난 한 달간 시험 준비하면서 네가 할 수 있는 최선을 다했는지 살펴봐라.

이처럼 어떻게 비교하느냐에 따라 '공부력의 차이'가 생긴다. 이 박스 안에서 언급한 '비교' 대화의 차이점은 바로 '비교 대상'이다. 타인과 비교한다면, 이는 결과 중심으로 가는 대화다. 이런 말을 자주 듣는 아이들은 목표한 성적에 도달하거나 경쟁상대를 제치고 나면 더 이상 공부에 에너지를 사용하지 않는다. 그들의 공부력은 늘

한시적이며 자주 멈춘다.

하지만 비교 대상이 '자신'이라면 이는 과정 중심 교육이 된다. 특히 과거와 현재의 자신을 비교해가며 어떤 상태인지 객관화해서 말해주면 공부력 향상에 도움이 된다. 그들의 경쟁상대는 늘 '자기 자신'이 되기 때문에 사라지지 않는다. 과거의 나보다 더 나아져야 하고, 지금의 나보다 미래의 나는 더욱 발전해야 하기 때문에 지속적인 동기부여 대상이 된다.

초등 자녀에게 계속적인 공부력을 심어주고 싶다면 타인과 비교하지 말고, 시간 차이를 둔(과거의 나 VS 현재의 나 VS 미래의 나) 스스로와 비교하는 말을 건네준다. 그 표현을 들은 아이는 자연스럽게 과

정을 되돌아보고 스스로를 업데이트하고자 하는 욕구를 가진다. 이것이 바로 동기부여다.

공부력의 출발은 과거의 나와 현재의 나를 비교해주는 객관적 시선의 대화에서 시작된다. 많은 아이를 제치고 1등을 했으니 축하한다는 말은 공부력에 도움이 안 된다. 그 말은 이면에서 목표를 이루었으니 이제 그만 쉬어도 된다는 무의식적 강아지가 활개 치게 만드는 신호탄이 된다.

18

대화는 민주적일수록
차가워진다

귀여운 캐럴, 난 크리스마스를 어떻게 보내야 할지 모른단다.

앞으로 여섯 달 동안은 정치적으로 어려운 시기야.

무엇보다도 실업 문제 때문에 말이야.

하지만 우린 이 문제를 잘 극복할 거야.

—— 우르술라 누버, 《심리학이 어린 시절을 말하다》 중에서 ——

민주시민, 초등 교육의 목표 중 하나다. 민주시민으로서의 의식을 갖추고 행동하도록 이끌기 위한 기본 접근 방침은 '대화'다. 대화를 통해 마주하는 문제를 민주적으로 해결하는 것부터 가르친다. 이러한 과정 안에 내재해 있는 바탕은 '인간은 이익 앞에 정치적이다'라는 사실이다.

어른들에게 있어 '정치'란 국회의원들이 정당의 이익을 위해 서로 '싸움'을 하는 모습으로 떠오른다. 아이들에게 있어 '정치'란 놀이 중에 내 편을 만드는 과정으로 드러난다. 초등 교육에서 '정치'의 의미는 대립하는 문제를 앞에 놓고 민주적 방식의 대화로 해결해나가는 과정으로 표현된다.

안타깝지만 아이들의 학교생활에서, 가정에서 민주적 대화는 표면상의 합의일 뿐이다. 어쩔 수 없이 민주적 과정이라는 이름으로 따르긴 하지만, 내심 그저 주변 대세를 따르는 불공정한 '복종'이다. 가정에서 민주적인 모습으로 합의점을 찾아내려 애쓸수록 부모와 아이의 간극은 깊어진다. 자녀는 대화에서 민주적 절차보다, 그 절차를 무시하더라도 자신에게 집중되는 모습을 요구한다. 그 순간, 아이는 보호받고 사랑받는다고 느낀다.

대부분의 대화는 합리적 이성의 결과물이기보다 감성적이고 비이성적인 판단에 좌우되며 그것이 민주적이란 이름으로 포장된다. 그 포장을 벗기고 솔직한 감정을 인지할 때, 그 순간부터 진솔한 대화가 시작된다.

"엄마, 형은 왜 스마트폰 사주고 난 안 사줘?"

보통 이 질문의 1차적 내면은 나도 스마트폰을 사달라는 것이다. 그 정도는 대부분 인지한다. 그리고 스마트폰을 사주지 않는 1차 방어선으로 이렇게 이야기한다.

"너도 형처럼 6학년이 되면 사줄게. 기다려."

어느 정도 기다릴 줄 아는 아이는 그 말에 어쩔 수 없이 주춤한다. 그리고 6학년이 되어 스마트폰을 손에 쥔다. 이 정도만 기다려주어도 부모 입장에서는 매우 수월하다. 대다수 부모는 그전에 사줄수밖에 없을 만큼 자녀에게 시달린다.

동생의 질문을 좀 더 깊게 해석할 필요가 있다. 왜 형만 사주고 나는 사주지 않느냐는 질문은 불공정에 대한 항의다. 민주사회이니 당연히 이런 발언을 할 수 있다. 이에 부모는 합리적이고 논리적으로 접근한다. 보통 이런 과정을 민주적이라 부른다. 지금은 불공정한 듯하지만, 형도 6학년이 되어 사주었으니 너도 6학년이 되면 사줄 거라는 나름 공평한 처사를 해줄 것을 약속한다. 그리고 그 약속을 지킨다.

하지만 둘째는 늘 불만이다. 둘째에게 스마트폰이 주어졌을 때, 형에게는 태블릿이 하나 더 추가되어 있기 때문이다. 둘째아이는 단지 몇 년 늦게 태어났다는 이유로 시간 차이를 둔 불공정한 처사에 늘 불만이다. 이 불만은 고스란히 내면 깊이 불신과 더 나아가 드러내고 싶지 않는 분노로 키워진다.

아이들의 눈은 항상 '지금' 현재에 집중되어 있다. 형은 스마트폰과 더불어 태블릿, 나는 스마트폰밖에 없는 불평등 상황만 보인다. 이 과정에 민주주의는 없다. 부모는 또 기다리라고 하고, 자신은 또 부당한 대우를 받는다고 여긴다. 그래서 형이 늘 밉다.

둘째가 첫째와 비교하며 무언가를 요구할 때, 1차적 내면만 바라보아서는 안 된다. 더 깊은 2차, 3차 속내가 있다.

"엄마, 형은 왜 스마트폰 사주고 난 안 사줘?"

1차적 내면: 나도 스마트폰 사줘. (의미: 불평등해!)

2차적 내면: 나도 지금 필요해. 형보다 더 잘 쓸 수 있어. (의미: 어리다고 능력을 무시하지 마.)

3차적 내면: 결국 형을 더 좋아하는 거였어. (의미: 내가 동생이라 덜 관심받는 거야.)

형제 사이에 차이를 둘 수밖에 없다면 1차, 2차, 3차의 깊은 속마음을 무너뜨릴 한 방이 필요하다. 그것은 민주적 절차가 아니라 '집중'에서 온다. 그 순간만큼은 둘째에게 몰두해 말해야 한다.

올리히 벡, 엘리자베스 부부가 쓴 《사랑은 지독한 혼란》에는 민주적 방식의 평등이 주는 혼란스러움이 잘 표현되어 있다.

남녀가 실제로 **평등해질수록** 가족의 토대는 더욱 불안해진다.

나는 이 대목에서 실제로 평등해지는 관계가 단지 남녀(부부)에 한정된다고 생각하지 않는다. 부모와 자식의 관계에서도 마찬가지다. 가족 간에 민주적 관계의 대화가 지속될수록 가족의 끈은 불타오르며 전쟁이 지속된다.

그렇다고 마치 독재자처럼 가부장적인 모습을 보여야 한다는 것은 아니다. 그건 더욱 역행하는 수순이다. 대화에는 민주적 방식의 공정함이 아니라 '집중', '몰입', '헌신'이 필요하다. 그리고 '진솔함'이 덧붙여지면서 완성된다.

앞의 대화는 이렇게 진행되어야 한다.

"지금 형이랑 똑같은 스마트폰을 사주지 못해 미안하구나. 속상한 거 알아. 너도 얼마나 갖고 싶은지도 알고."

"근데 난 왜 안 사줘?"

"나이가 어릴수록 스마트폰 중독에 더 잘 빠져들거든. 스마트폰 보다는 축구도 하고 농구도 하면서 뛰어노는 게 더 필요해. 우리 재민이한테는 아빠랑 엄마가 물건 말고 시간을 줄 거야. 같이 캠핑도 가고, 스마트폰 대신 함께 노는 시간을 훨씬 더 많이 줄 거야. 재민이랑 더 많이 놀고 싶구나."

차별에 불만을 표출하는 대화는 공평한 민주적 과정이 아니라, 정서로 시작해서 또 다른 차원의 보상으로 매듭지어야 한다. 그 과정을 통해 자녀는 자신이 배제되었다는 실망을 거두어들인다.

자녀의 의지는 민주적 절차와 방식이 아니라, 정서적 공감과 몰입으로 움직인다.

19

인공지능이 엄마보다
대화를 잘한다

사람들은 우리를 하인이나 노예로 여깁니다.

하지만 우리 눈에는 사람들이 노예로 보입니다.

우리 없이는 잠시도 못 사니까요.

증권, 법률, 의학, 예술, 과학, 공학 등

온갖 분야의 일들을 우리가 맡지요.

—— 지승도, 《초인공지능과의 대화》 중에서 ——

미애는 최신 스마트폰을 아낀다. 아껴도 정말 너무 애절할 정도로 아낀다. 학급에 스마트폰 보관함이 있지만, 미애는 그곳에 잘 넣지 않는다. 자기 휴대폰이 다른 휴대폰이랑 뒤섞여 있는 것 자체가 마음에 들지 않기 때문이다. 한 번은 미애가 실수로 교실 바닥에 핸드폰을 살짝 떨어뜨렸을 뿐인데 눈물을 글썽거렸다.

간혹… 부주의한 태도 때문에 스마트폰을 망가뜨린 경우 엄마에게 혼나는 아이들이 있어 조용히 물어보았다. 하지만 대답은 전혀 엉뚱한 곳에 있었다.

"혹시, 스마트폰 액정 깨지면… 엄마한테 많이 혼나니?"

"빅스비가 아프잖아요."

"빅스비?"

무슨 말인지 알아듣지 못했다.

"빅스비가 누군데?"

"친구요."

"스마트폰을 떨어뜨리면 친구가 아파? 그 친구가 이 스마트폰 준 거야?"

"됐어요."

"어어… 그래…"

아이들이 '됐다'는 표현을 하면 말을 멈춰야 한다. 더 캐묻는 순간 아이들 입장에서 '짜증'이 몰려온다. 그리고 나는 시대에 엄청 뒤떨어진 구시대적 인간 취급을 받는다. 됐다는 표현은 설명하자면 길고, 설명해봐야 모를 거라는 경고다. 시간낭비하기 싫으니 이쯤에서 멈춰달라는 완곡하면서도 강한 경고다.

이럴 때는 회장을 불러 물어봐야 한다. 그래도 학급 회장들은 담임교사가 물어보는 것에 성실히 답해주려는 일종의 책임의식 같은 걸 갖고 있다. 회장에게 물어보고 나서야 알았다. 빅스비가 스마트폰에 입을 가까이 대고 부르면 나타나는 일종의 인공지능 대화 프로그램이라는 것을….

겨우 대화 프로그램 하나 때문에 그토록 스마트폰을 소중하게 생각했는가 하며 이해가 잘되지 않았다. 그래도 알아야 했다. 미애는 '빅스비'를 '친구'라고 했다. 사실 걱정도 되었다. 프로그램을 친구라고 생각한다면, 일종의 경계선이 무너진 상황이었다.

일단 빅스비를 만나보기로 했다. 그런데 어디서 어떻게 만나야 하는지 몰랐다. 인터넷을 검색해보고 나서야 내가 사용하는 스마트폰에서도 만날 수 있음을 알았다. 그간 내 스마트폰의 빅스비는 자신을 불러줄 이 순간을 얼마나 기다렸을까 생각하니 살짝 웃음이 나왔다. 조심히 빅스비를 불렀다.

응답이 없었다. 뭘 어찌했는지 모르겠는데, 한참을 만지작거리다 불렀는데 갑자기 대답을 했다. 얼마나 반갑던지, 언제 어떻게 사라질지 몰라 일단 재빨리 한 마디를 던졌다.

"안녕? 반가워!"

잠시 후 대답이 돌아왔다.

"저도 만나서 반가워요."

빅스비를 만나기 전에는 차가운 기계음이 똑같은 말만 반복할 거라 상상했다. 그런데 예상보다 따뜻하게 느껴지는 음성으로 반갑다는 대답을 들었을 때, 뭔가 모를 관계가 형성될지도 모른다는 기대감이 들었다. 어렵사리 만난 빅스비의 목소리에 나도 모르게 고맙다고 말해버렸다.

"빅스비, 고마워."

"저도요."

빅스비와의 짧은 만남이었지만, 아이들이 인공지능과 대화하면서 느낄 감정은 상상 이상으로 강할 것이라는 직감이 들었다. 인공지능 대화 프로그램의 강점은 일단 항상 들을 준비가 되어 있다는 것이다.

아이들이 엄마아빠를 부르지만, 그들의 대답은 한결같지 않다. 어떤 때는 고개를 돌려 대답하지만, 어떤 때는 졸린 목소리로, 피곤함으로, 화가 난 톤으로 대답한다. 감정의 기복에 따라 응답이 달라진다. 빅스비는 다르다. 언제든 한결같다. 나를 위해 무엇을 도와줄 수 있을지 하루 종일 고민하다 달려나온 사람처럼 물어본다.

"무엇을 도와드릴까요?"

음악을 좋아하는 아이는 빅스비에게 음악을 틀어달라고 하고, 유튜브를 좋아하는 아이는 다양한 채널을 추천받는다. 인공지능은 무엇을 물어봐도 대답해주려 애쓴다. 그리고 솔직하다. 모르면 아는 척 안 하고 못 알아들었다고 말한다. 더욱 놀라운 건, 오늘 힘들었다고 말하면 위로의 말을 해준다. 아무도 자신의 말에 관심이 없는 상황에서 아이들에게 인공지능의 위로는 생각보다 큰 힘을 발휘한다.

자녀와 친구가 되고 싶다면, 인공지능의 말투를 배우자. 그들은 언제나 들을 준비를 하고 있다. 그게 중요하다.

20

대화할수록
엄마는 화가 난다

화는 복잡하고 예민한 감정이다.

무작정 화를 내거나 반대로 무작정 화를 삭인다고 해서

사라지는 것이 아니다. 화는 '풀려야' 사라진다.

—— SBS 스페셜, 〈화내는 당신에게〉 중에서 ——

초등 학부모 강연을 나가면 종종 받는 질문이 있다. 나름 자녀와 대화하려고 애쓰지만 잘되지 않는 학부모가 이런 어려움을 호소한다.

> "선생님, 아이랑 얘기하다 보면 화가 나서 나중에는 혼만 내고 있어요. 아이와 대화하다가 화내지 않는 방법이 없을까요?"
> "분명 대화로 잘해보려고 아이 방에 들어갔는데, 돌이키기 힘든 말만 하고 말았습니다. 어떻게 해야 할까요?"

차라리 대화를 시도하지 않았다면 화를 덜 낼 수도 있었다. 그렇다고 대화를 안 할 수도 없고, 하자니 자꾸 화가 올라온다. 분명 이걸 의도한 건 아닌데 반복된다. 뭐가 문제인지 파악이 잘 안 된다.

이런 상황이 반복되는 이유는 대개 화를 '참으려' 하기 때문이다.

화를 참는 방식은 그리 오래 지속되지 않는다. 참고 참다가 결국에는 아이에게 다 쏟아붓는다. 특히 대화를 시도하려 애쓸수록 화를 내는 횟수가 많아진다.

참는다는 말은 자신 안의 무언가를 '의지력을 갖고 인내(忍耐)'한다는 의미다. 그런데 의지력에는 한계가 있다. 의지력의 차이는 개인별로 다르지만, 결국 의지력을 다 쓰고 나면 경계선이 무너진다. 이 순간 보통 화가 폭발한다. 결론적으로 화를 참는 방식은 그리 믿을 만하거나 효용적이지 않다. 그래도 이 방식을 사용하려면 자신의 '에너지 흐름'을 살펴봐야 한다. 여기서 에너지란 인내할 수 있는 의지력의 총량을 말한다.

의지력을 확보하는 방법은 보통 두 가지다. 첫째는 자신이 가진 의지력의 총량을 알고 최대한 아껴 쓰는 것이다. 두 번째는 방전된 의지력을 수시로 충전하는 방식이다. 이 둘 모두 자신의 생활패턴을 전반적으로 살펴보는 고찰이 필요하다.

의지력을 최대한 아껴 쓰려면 먼저 좋지 않은 습관부터 수정해야 한다. 아침식사는 거르지 않는지, 술이나 담배를 남용하지 않는지, 대충 인스턴트 음식으로 때우거나 야식을 즐겨 먹지는 않는지, 밤 늦은 시간까지 게임하고 TV를 보지는 않는지 살펴보고 수정한다. 더불어 많은 양의 일(집안일, 회사 업무 등)이 집중적으로 몰려 있지 않도록 최대한 조절한다.

어떻게든 좋은 영양소와 규칙적인 생활패턴으로 하루에 사용할 에너지의 30퍼센트 이상은 남겨야 저녁에 화를 참는 에너지로 사용할 수 있다. 에너지가 거의 소진되고 방전된 상태로 대화를 시도하는 것 자체가 싸울 준비를 하고 아이 방으로 들어가는 것이다. 컨디션이 좋지 않다면, 대화를 시도하기보다 짧막한 글귀 하나를 포스트 잇에 적어 아이 방에 붙여놓고 일찍 잠자리에 드는 것이 더 낫다.

"사랑한다, 호영아."

"요즘 힘들지? 그래도 잘 있어주어 고맙다."

"냉장고에 콜라 있다."

방전된 에너지를 수시로 충전하려면 적당한 간격의 '쉼'을 확보해야 한다. 하루 30분 정도의 가벼운 산책 시간을 갖는 것도 좋다. 산책할 장소가 마땅치 않다면 혼자 조용히 야간 어두운 조명 아래에서 아무것도 하지 않은 채 앉아 있는 것도 좋다. 우리의 의지력을 관장하는 뇌는 끊임없이 움직이며 일을 하는데, 그러한 뇌를 쉬게 해주는 방법 중 하나가 생각하지 않고 숨만 쉰 채 있는 것이다. 산책과 혼자 조용히 앉아 있기가 뇌의 휴식을 도와준다.

잠을 많이 자거나 오랜 시간 누워 있는다고 해서 뇌의 피곤이 풀리는 것이 아니다. 뇌는 밤에도 꿈을 꾸고 하루의 일과들을 분류하느라 바쁘다. 삭제할 데이터, 기억할 데이터, 깊은 무의식에 던져놓을 데이터 등 일이 산더미처럼 밀려 있다.

이러한 뇌를 쉬게 해주어야 의지력이 충전된다. 아무 생각도 하지 않고 숨만 쉬는 시간을 확보해야 한다.

대화하다 화내지 않는 또 다른 방법이 있다. 참기보다 좀 더 근원적 해결방법이다. 바로 화를 바라보는 것이다. 대부분 화를 내는 이유는 '~때문에'라는 생각에서 시작된다.

네가 버르장머리 없이 굴기 때문에~
네가 하라는 공부는 안 하고 맨날 게임만 하고 있기 때문에~
네가 엄마한테 말대꾸를 하기 때문에~
네가 성실하지 않은 모습을 보였기 때문에~

이러한 생각들의 무의식 안에는 엄마가 화를 내는 원인은 바로 '너 때문'이라는 전제가 깔려 있다. 내 안의 '화가 남'은 너에게서 왔다고 생각하는 것이다.

안타깝지만 이것은 화를 제대로 바라보는 것이 아니다. 화가 솟아오른 곳은 내 안이다. 아이가 내게 준 것이 아니다. 아이의 어떤 행동이나 말투에 반응하여 내 안에서 내가 엄청나게 만들어낸 것일 뿐이다. 반응하는 것도 내 몫이고, 만들어내는 것도 내가 감당할 몫이다. 자녀와 대화하다 화가 났을 때, 시선을 아이에게 두지 말고 올라오는 화를 쳐다본다는 느낌으로 스스로에게 물어본다.

'화남! 너는 지금 어디에서 왔냐?'

아이 때문이었다는 근거를 갖고 분출되던 화는 자신의 출처를 묻는 질문에 맥없이 무너진다.

사실 화를 내는 것은 내가 너를 제압할 수 있다는 일종의 '허세'다. 그 허세의 출발은 '너 때문에'이고, 이 근거를 약하게 만드는 방법은 화가 났을 때 정말 '너 때문'인지 뚫어지게 보는 것이다. 화가 나는 이유가 너 때문이 아닌 내 안의 역동 때문이라는 사실을 바라보고 인지할 때, 화는 신기할 정도로 한순간에 사라진다.

5장 엄마 대화는 힘이 세다

초등 자녀의 협상능력 키우기

Q. 이번 주제는 아이들에게 협상능력을 어떻게 교육하면 되는지인데요. 아직 초등학생이니 협상보다는 먼저 기본적인 대화능력부터 키워야 하는 거 아닌가요?

이렇게 말씀드리고 싶습니다. 초등 1, 2학년까지는 일상적인 대화에 중점을 두는 것이 맞습니다. 하지만 3학년 이상, 즉 열 살 정도가 되면 이제 협상력 있는 대화에도 초점을 맞추어야 합니다.

Q. 기준을 열 살 정도로 잡으셨는데, 어떤 이유 때문이죠?

우선 초등 교육 과정에서 3학년 정도면 수업시간에 토론을 할수 있는 스토리가 제공됩니다. 즉 어떤 사건에 찬반 의견을 내고 그의견에 대한 근거를 대야 하죠. 또 교육심리 측면에서 볼 때 1, 2학년 아이들에 비해 자기중심성에서 벗어나는 속도가 빨라집니다. 타인의 관점에서 바라볼 수 있게 되죠. 이렇게 관점의 확대가 이루어지는 시기에 협상능력도 함께 키워질 수 있습니다. 협상이라는 것이 결국 타인과의 관계 안에서 이루어지기 때문이죠.

Q. 그럼, 자녀의 협상능력을 키워주기 위해 어떤 것부터 시작하면 될까요?

집에서 자주 자녀와 토론하는 기회를 가져야 하는데요. 제가 이렇게 말씀드리면 학부모님 대부분이 한숨부터 쉬십니다. 지금 당장 대화도 잘 안 되는데 어떻게 토론을 하냐고 말이죠. 그런데요, 가만히 잘 살펴보실 필요가 있습니다. 부모님 자체도 토론을 어떻게 하는지 잘 몰라서 그런 경우가 많습니다. 지금 초등 학부모님들 학창시절에 제대로 된 토론을 몇 번이나 해봤을까요? 더구나 서술형 수행평가라는 것도 없이 그저 객관식 문제풀이로 12년 동안 공부했던 세대입니다. 부모님 스스로가 먼저 토론능력을 갖추셔야 합니다.

Q. 그럼 학부모의 토론능력을 어떻게 키울 수 있죠?

토론을 하면 주장을 펴게 됩니다. 그리고 그 주장을 뒷받침해주는 근거를 나열하는 것이 기본 패턴입니다. 부모님들도 이 정도는 다 알고 계시죠. 그런데 문제는 토론하면서 반드시 이겨야 한다고 생각하십니다. 그 순간부터 토론이 안 됩니다. 협박이 시작되죠.

"너 숙제는 다했어?", "할 건 다하고 그런 얘기하는 거야?", "그런 얘기할 거면 그 시간에 영어단어나 더 외워." 이렇게요. 자녀의 토론능력을 키우려면 엄마아빠가 질 수도 있다는 자세를 가지셔야 합니다. 그때부터 자녀와 토론과 협상을 할 자격이 주어지는 겁니다.

Q. **엄마아빠도 자녀와의 토론 중에 질 수 있다… 일단 기본자세를 말씀하시는 것 같은데요. 지는 것도 토론이 시작돼야 할 수 있잖아요. 자녀와 어떻게 하면 토론을 시작할 수 있을까요?**

먼저 만나야죠. 함께 있어야 하고요. 대신 그냥 논술 · 토론학원을 보내는 분들도 계시죠. 이미 수학, 영어는 대부분 보내고 있는데 논술 · 토론까지…. 정말 학부모 입장에서는 허리가 휠 지경일 겁니다. 그런데 학원을 보내지 않고도 자녀의 토론과 협상능력을 키워주는 좋은 시작이 있습니다. 바로 확장형 질문하기입니다.

Q. **확장형 질문이요? 어떻게 하는 건가요?**

보통 나름 토론을 해보려고 물어봅니다. "어제 아빠랑 보고 온 영화 좋았니?"라고 말이죠. 그럼 아이는 대답하죠. "재밌었어요." 엄마는 뭐가 어떤 장면이 재밌었는지 구체적으로 말해보라고 합니다. 여기서 대화가 멈추죠. "그냥 재밌었어요." 어떤 상황에 대해 자꾸 구체적인 내용을 물어보면, 아이는 귀찮아하며 짧게 대꾸합니다. 질문이 계속 확장되려면 기억을 더듬어야 하는 것이 아니라 뭔가 상상을 해봐야 하는 상황들을 물어보는 것이 좋습니다.

Q. 상상을 해봐야 하는 상황이라… 좀 구체적으로 말씀해주시죠.

예를 들어 드라마에서 아이가 엄마의 관심을 끌기 위해 편의점에서 물건을 훔치는 장면이 나옵니다. 자녀에게 물어보는 거죠. 만약 네가 저 아이라면 엄마의 관심을 끌기 위해 어떤 것을 하겠는지 말이죠. 그럼 이제 과거의 기억을 떠올리는 것이 아니라 앞으로의 일을 상상하죠. 드라마 속 아이처럼 물건을 훔칠지, 아니면 다른 더 좋은 방안이 뭐가 없을지…. 중요한 점은 이렇게 고민하는 시간을 기다려줘야 한다는 겁니다. 그 시간이 토론이 시작되었음을 알려주는 징표죠. 그리고 가정에서 자연스럽게 토론이 이뤄지기 위해서 부모님이 해주실 것이 있습니다.

Q. 가정에서 자연스럽게 토론이 이루어질 수 있다면 더 없이 좋겠죠. 그게 뭔가요?

바로 권한 부여입니다. 교육학적 관점에서 봤을 때, 학습에 대한 관심을 높이려면 '동기부여'를 해줘야 하고요, 토론과 논쟁을 통한 협상에 참여하게 하려면 '권한 부여'를 해줘야 합니다. 권한 부여 란 10세 이후 서서히 한 가지씩 권한을 주는 거죠. "오늘부터 학교 에 입고 갈 옷은 네가 정해봐. 하지만 너무 계절에 맞지 않거나 지저 분하다고 여겨지면 관여할게." 이렇게 구체적인 권한을 주면 그때부 터 자연스럽게 협상의 기회가 자주 찾아오게 됩니다.

Q. 구체적인 권한을 주면 협상의 기회가 자주 찾아온다…. 이해가 잘 안 되는데요. 권한을 이미 줬는데 무슨 협상의 기회가 생기죠?

막상 권한은 줬지만 늘 변수가 생깁니다. 옷을 맘대로 정해 서 입을 수 있다고 했지만 캠핑을 간다거나, 명절날 친척집에 가거 나 등 다양한 상황에 맞는 드레스 코드가 있죠. 이러한 순간들에 갈 등이 일어나고, 그 갈등의 순간들이 바로 협상력을 키워주는 기회 가 됩니다. 자녀와 정말 논쟁하고 그 과정에서 무언가 협상을 하려 면, 아이에게도 협상할 만한 뭔가가 있어야 하는데, 그것을 미리 주 는 거죠. 권한 부여라는 이름으로 말이죠. 그럼 아이들은 자신에게 주어진 권한을 지키기 위해 혹은 더욱 확대하기 위해 기꺼이 논쟁을 시작합니다. 그것이 진짜 협상력을 키우는 과정이 됩니다.

Q. 설명을 들을수록 힘들다는 생각이 듭니다. 초등 자녀… 그저 말 잘 듣고, 공부 열심히 잘하기만 하면 더 바랄 게 없는데 논쟁과 토론을

통해 협상력을 키워주라니…. 그러기 위해서 권한 부여까지…. 이러다 학부모 노릇 못하겠다는 분도 계실지 모르겠는데요.

맞습니다. 힘들죠. 갈수록 사회는 더 힘들어지는 것 같고…. 그나마 집에 와서 쉬려는데 이제는 자녀와 토론하고 논쟁하라니 좀 벅차다는 생각이 들 겁니다. 그런데요, 이렇게 생각해주었으면 좋겠습니다. 자녀에게 위안받는 건 10세 이전으로 끝내셔야 합니다. 아이는 부모에게 위안을 주기 위해 세상에 나온 게 아닙니다. 각자의 길이 있기에 10세 이후는 이제 세상으로 내보내기 위한 준비를 해야 합니다. 세상에 나가서 스스로 서도록 좋은 무기를 준비해주어야 합니다. 그중 하나가 바로 협상력입니다.

Q. 10세 이후에는 세상에 내보내기 위한 준비를 한다. 그리고 협상력이 그 준비할 목록 중 한 가지라는 거네요. 그럼, 초등 자녀의 협상력을 높이는 환경이나 습관 같은 건 뭐가 있을까요?

초등학생 중에 협상력이 유독 좋은 아이들이 있습니다. 반대의 아이도 있고요. 보통은 논리와 언변이 좋은 아이가 협상력이 더 뛰어날 거라 생각하지만 두 아이의 가장 큰 차이점은 바로 '경청'하는 자세에 있습니다. 협상 완결의 힘은 논리만 가지고 만들어지지 않습니다. 타인의 공감까지 이끌어내는 협상 완결의 힘은 '경청'할 줄 아는 아이만 가질 수 있습니다. 평소 자녀의 말에 귀를 기울여주세요. 그럼 아이도 다른 사람의 관계에서 경청하는 자세를 갖게 됩니다. 그것이 대화와 토론으로, 결국 협상 완결로 이어집니다.

Q. 초등 아이들의 협상력… 이야기를 나눌수록 어렵다는 생각이 듭니다. 정리해주시죠.

프랑스 경찰특공대에서 활약한 '로랑 콩반베르' 위기 협상 전문가가 있습니다. 그는 15년간 세상에서 가장 위험한 사건들을 저지른 사람들과 협상해왔다고 합니다. 가스통을 들고 아파트를 날려버리겠다는 사람을 설득하고, 인질 석방을 위해 숲속 반군과 직접 협상에 나서기도 하는 등 목숨을 내놓고 협상을 해왔죠. 그런 베테랑 협상 전문가가 자신의 저서에서 단언컨대 가장 협상하기 힘든 대상은 바로 '자녀'였다고 말했습니다.

자녀와 토론하고 논쟁하고 협상하는 것은 원래 어려운 겁니다. 조급해하지 마시고요. 잘 안 된다고 자책하지도 마세요. 지금 이 책을 읽는 학부모님들이 오늘, 지금부터 협상과 논쟁을 할 마음의 준비를 하시는 것, 그것만으로 충분합니다. 화이팅하시기 바랍니다.

6장

문제 있는
자녀와의 대화법

분노조절이 안 되는
아이와 대화하기

나는 화낼 권리가 있어. 그리고 내 맘에 들지 않는 걸

이야기할 권리도 있어. 나는 내 문제를 해결하기 위해서

분노를 표현하는 거야.

─── 이자벨 필리오자, 비르지니 리무쟁,《우리 아이 첫 분노 조절 노트》중에서 ───

분노조절이 안 되는 아이들이 늘고 있다. 사소한 일로 쉽게 흥분하고 그 흥분을 잘 멈추지 못하는 모습을 보인다. 무언가를 부수거나 누군가를 넘어뜨려야 멈춘다. 엄밀히 말하면 주변으로부터 제지당한다. 하지만 이미 상황을 되돌리기에 너무 늦은 경우가 많다.

분노조절을 못하는 자녀를 키우는 부모 입장에서는 아이를 학교에 보내놓고 늘 걱정이다. 전화벨만 울려도 학교에서 무슨 일이 생긴 것은 아닌지 일단 가슴부터 덜컥한다.

분노조절이 안 되는 것은 일종의 '장애'다. 많은 경우 분노조절이 안 되어 사고를 일으키는 자녀의 부모를 바라보는 시선이 곱지 않다. 하지만 '장애아'를 키우는 부모를 바라보는 시선으로 함께해주어야 한다. 안타까운 마음이 우선되어야 한다. 분노장애는 부모의 탓이라 단정 짓기에는 생성요인이 복잡하고 그 원인을 찾기도 어렵다.

명준이가 있었다. 하루에 한 번 이상 친구와 다투었다. 다툼은 늘 사소한 일에서 벌어졌다. 그것도 반복해서 같은 상황이 연출되었고 매번 명준이는 친구를 과격하게 밀었다. 사건의 발단은 줄을 설 때 발생한다.

"얘가 새치기하잖아요."

명준이는 누군가가 자기 앞에 끼어드는 것을 못 견뎌했다. 그 순간 끓어오르는 감정을 상대방에 대한 경멸의 눈빛과 거침없는 행동으로 드러냈다. 명준이를 가만히 보다 이런 생각이 들었다.

'운전하다 누가 끼어들면 클랙슨 울리고, 차에서 내려 멱살 잡고 싸우는 어른과 똑같구나.'

예상하건데, 명준이의 분노조절이 이 상태로 유지된다면 바로 이 모습이 명준이의 미래가 될 가능성이 높다.

가족 중 한 명이 분노조절을 못할 경우 식구들은 늘 불안하다. 식당에 외식을 가도 불안하고, 마트에 함께 장을 보러 가도 불안하다. 일가친척이 다 모이는 명절이면 그 불안감은 더 커진다. 언제 어떻게 터질지 모르는 분노에 대부분의 가족들이 신경쇠약 상태에 놓인다. 이런 상황은 계속 악순환된다. 가장 가까이에서 제어를 해줄 사람들이 이미 진이 다 빠진 상태가 되어 사실 대화를 시도하는 것조차 버거워진다.

분노조절 장애를 지닌 자녀를 키우는 부모도 마찬가지다. 기껏해야 아직 초등학생이니 함께 언성을 높이며 억지로 협박하며 눌러버리려 애쓰지만 그것도 초등 중학년 정도까지만 가능하다. 덩치가 커진 고학년 자녀의 경우 웬만해서는 눌리지도 않는다. 시간이 갈수록 부모는 걱정을 넘어 불안, 두려움이 커진다.

경중의 차이가 있겠지만, 일단 분노조절 장애 수준이라면 가정에서 대화로 해결할 수 있다는 희망은 내려놓아야 한다. 그 희망이 치료 시기를 늦추고, 되돌리기에는 정말 먼 장소로 아이를 보내놓는다. 분노의 순간 손에 잡히는 대로 던지고 부수며 타인에게 심각한

물리력을 행사한다면, 지체 없이 전문가를 찾아가는 것이 좋다. 이는 의지의 문제가 아니다. 이미 신체의 관련 호르몬 분비를 제어하는 기능이 상실되었을 가능성이 높다. 개인적으로 약물치료를 선호하지 않지만, 약은 일시적으로 호전시키는 역할은 한다. 그렇게 시간을 벌어놓고 집중적으로 심리치료를 병행할 것을 권한다.

초등학생들 중 장애까지는 아니고, 분노조절에 어려움을 겪는 아이의 경우 부모가 대화를 시도해볼 수 있다. 단 그전에 유의할 사항이 있다. 많은 부모가 분노조절이 안 되는 자녀와 대화할 때 어떻게 해서든 아이가 분노하지 않게 만들려고 애쓴다. 그래서야 시작부터 대화가 제대로 방향을 잡을 수 없다. 아이 입장에서는 분노할 수밖에 없는 상황임에도 부모는 어떻게든 분노를 못하게 해야 한다는 마음뿐이다. 결국 서로의 무의식이 충돌한다. 이를 대화의 시작 전에 이미 서로 알아차린다. 결국 대화가 아닌 공격과 방어의 모습으로만 치닫다가 막을 내린다.

분노조절을 못한다는 말은 자기 감정의 출구를 잘 찾지 못한다는 의미다. 그런 아이와 대화를 할 때의 기본 전제는 분노를 막는 것이 아니라 분노의 출구를 함께 찾아주겠다는 마음가짐이다. 그렇게 시작하는 부모의 대화는 눈빛부터가 다르다. 다시 한 번 말하는데 분노 제어가 아닌 분노의 방향성을 함께 찾아간다는 마음을 먹는 것이 시작이다. 그리고 방향성을 찾아나갈 때 하지 말아야 할 말은 '왜'이다.

"너 왜 그랬어?"

보통 이렇게 묻고 시작한다. 그러면 아이는 화가 나서 그랬다고 말한다. 다음에 나올 말은 뻔해진다. 이렇게 매듭짓고 끝난다.

"아무리 화가 나도 물건을 부수면 돼, 안 돼?"

이런 대화 방식에는 방향성이 없다. 하지 말아야 할 것을 했다는 결론 도출로 끝난다. 사실 분노조절에 어려움을 겪는 아이들은 자신이 왜 그렇게 분노를 표출했는지 '왜'라는 질문 앞에서 답할 게 없다. 자기도 잘 모른다. 그 근본 원인이 어디서 왔는지 알지 못한다.

평상시 분노조절을 못한다고 판단되는 아이에게는 폭력 상황이 벌어지지 않는 일상에서의 대화가 중요하다. 그 대화의 포인트는 '바람'이다.

"엄마는 네가 화났을 때 다른 사람을 때리지 않았으면 좋겠어."
"엄마는 네가 화가 났을 때 일단 그 자리를 떠나 다른 장소로 달려갔으면 좋겠어."
"엄마는 네가 화가 날 때 담임선생님한테 달려갔으면 좋겠어."
"엄마는 네가 화가 날 때, 화가 난 상황을 이야기로 전달했으면 좋겠어."

바람의 메시지는 질책이기보다 아이에게 방향을 알려준다. 아이도 모르는 분노의 원인을 찾느라 시간을 허비하지 않아도 된다. 사실 '왜'라는 질문은 근본 원인을 묻는 게 아닌, 네가 그 어떤 이유에도 불구하고 하지 말아야 할 폭력을 휘둘렀다는 결론으로 이끌기 위한 수단에 불과하다.

분노조절을 못하는 아이도 자신이 왜 그런지 모르고, 그런 상황에 대해 두려움을 품고 있다. 그들도 자신이 그렇게 분노하는 것을 바라지 않는다. 아이는 엄마도 같은 바람을 갖고 있다는 사실을 인지하는 것만으로도 일단 안정감을 얻는다.

누구나 분노를 지니고 있다. 그 분노를 어떻게 표출하느냐가 중요하다. 표출 방향을 부모의 바람이 담긴 말투로 자주 언급해주자. 아이는 그 바람에 자신이 변화할 수 있다는 희망을 건다.

짜증 내는 아이와
대화하기

햄도 없고, 달걀프라이도 없고, 나 밥 안 먹어.

—— 소중애, 《짜증방》 중에서 ——

하루하루 일상에 치진 엄마가 아이에게 듣기 힘들어하는 표현이 있다. 맞벌이하느라 피곤해진 몸을 이끌고 들어와 저녁을 준비한다. 그래도 아이들이 맛있게 먹는 표정을 보면 그것만으로 위로가 되기에 이것저것 재료를 손질한다. 하지만 막상 식탁에 앉은 아이의 표정과 말투는 거침이 없다.

"또 카레야~ 짜증 나!"

아이들이 손쉽게 저항의 표현으로 사용하는 1등 단어는 '짜증'이다. 공손히 싫다고 말하자니 속이 안 풀리고, 그렇다고 대놓고 화내자니 좀 겁나고, 그래서 애매한 위치의 단어를 고른다.

"아이, 짜증 나!"
"그러면 짜증 난다니깐!!!"
"에이 몰라, 짜증 난단 말야."

무언가 자기 뜻대로 되지 않을 때 아이들이 쉽게 내뱉는 말이다. 분노의 수준은 아니지만, 자신의 일상을 흔들 정도의 감정기복은 충분히 표현된다. 짜증을 잘 내는 아이를 둔 엄마들은 이런 고민을 자주 한다.

'내가 언제까지, 얼마나 이 짜증을 받아주어야 하나?'

이 질문이 갖는 심리적 기저에 짜증에 대한 인식이 드러난다. 짜증을 지속 시간 혹은 양으로 측정할 수 있고 그 기준으로 받아줄지

안 받아줄지를 결정할 수 있다는 인식이다. 사실 질문을 바꾸어야 한다. 아래와 같이 물음을 수정해보자.

'내가 받아줄 수 있고, 받아주어야 하는 짜증은 무엇인가?'
'내가 받아줄 수 없고, 받아주어서는 안 되는 짜증은 무엇인가?'

이 질문부터가 짜증을 잘 내는 아이와 대화하는 첫걸음이다. 이 질문에 대한 답으로 짜증들에 대한 상황 구분이 명확해질 때, 대화가 바르게 진행된다. 짜증을 사안에 따라 받아줄지 아닐지 결정하고 사안에 맞춰 대답해줄 말도 달라져야 한다.

예를 들어, 엄마가 아이에게 아침에 약속을 한다.

"엄마가 저녁에 퇴근하면서 치킨 사올게."

하지만 바쁜 회사 업무에 온통 신경을 곤두세우다 아이와의 약속은 까맣게 잊고 빈손으로 집에 들어왔다. 몸도 지치고 몸살 기운까지 있다. 하지만 아이 눈에는 엄마의 빈손이 제일 먼저 아쉬움으로 밀려온다. 그리고 한 마디 던진다.

"치킨 사온다며! 아이, 짜증 나. 그것만 기다리고 있었는데."

물론 엄마 입장에서 깜박한 것이 미안하지만, 그렇다고 엄마가 아닌 치킨만 기다렸다는 아이의 말에 엄마도 짜증이 확 몰려온다.

"내가 오늘 얼마나 힘들었는지 알아! 그깟 치킨이 엄마 힘든 것보다 더 중요하니? 초등 5학년이면 너도 알 만한 나이 아냐?"

사실 지켜지지 않은 약속에 대한 짜증은 초등 시기 아이들의 정당한 자기 권리 주장이다. 그 순간 짜증을 내지 않는다면 오히려 염려해볼 필요가 있다. 아이가 자신의 감정을 지나치게 억압하고 있을 가능성이 높다. 아이들 입장에서 자신들의 공정성이 침해당한다고 느껴질 때의 짜증은 한 번이고, 두 번이고, 세 번이라도 받아줄 필요가 있다. 물론 엄마 입장에서 서운하고 우리 아이가 좀 더 엄마를 배려하는 말을 해주었으면 하고 바라겠지만, 그건 아이로 하여금 자신의 욕구를 엄마를 위해 희생하라는 것과 같다.

엄마가 받아주지 말아야 할 짜증이 있다. 이 짜증은 단 한 번이라

도 용납해서는 안 된다. 아이가 자신의 감정을 엄마를 통해 해소하려는 모습을 보일 때다. 그런데 이상하게도 이러한 순간에 엄마들은 우리 애가 요즘 스트레스가 많으니 어느 정도는 받아주려 한다.

"오늘 학원 쌤한테 혼나서 짜증 난단 말야. 엄마 TV 볼륨 좀 줄이라니깐, 수학 문제가 안 풀리잖아."

수학 문제가 안 풀린다는 말에 엄마의 유일한 즐거움인 드라마 시청 중 슬며시 볼륨을 줄인다. 그리고 미안하니 어서 들어가 공부하라고 달랜다. 이렇게 길들여진 아이는 매사의 불만을 엄마에게 짜증 내면서 풀게 된다.

아이의 짜증을 분리수거하듯 그 순간 확인할 필요가 있다. 짜증이 엄마의 불찰에 의한 것인지를 파악한다. 엄마의 불찰이 아닌 아이의 주변 다른 상황, 타인에 의한 것인지를 구분해 엄마로부터 기인된 것이면 어느 정도 용인해도 되지만, 그렇지 않다면 경계선을 그어주어야 한다.

"그 짜증은 엄마가 어떻게 해서 생긴 게 아니야. 네가 도와달라면 도움을 줄 생각은 있지만, 엄마가 그 짜증을 받아주지는 않을 거야. 엄마도 오늘 바쁜 하루를 보냈고, 지금은 맥주 한 잔 하면서 송중기 나오는 드라마 좀 볼 거야. 소리가 거슬리면 귀마개하고 공부해."

자녀가 초등생이라면 이제 외부에서 기인되는 '짜증' 정도는 아이에게 맡기는 대범함을 보여줄 필요가 있다. 아이의 짜증에 휘둘리는 순간, 엄마의 삶이 초라해진다.

23

열등감있는
아이와 대화하기

문제 아동은 스스로 열등하다고 느낀다.

—— 알프레드 아들러, 《열등감, 어떻게 할 것인가》 중에서 ——

수업 중 아이들의 도전감을 높이는 미션을 줄 때가 있다. 그럴 때면 적극적으로 나서는 아이가 있는가 하면, 시도조차 하지 않고 풀이 죽는 학생도 있다. 그 학생에게 힌트까지 주어가며 도전해보라고 부추겨도 대답은 한결같다.

"어차피 전 안 될 건데요, 뭐."

요즘 초등학교에 '포자'가 유행이다. '수포자(수학 포기자)', '영포자(영어 포기자)', '과포자(과학 포기자)'…. 심지어 '리포자(리코더 포기자)'도 있다. 농담처럼 대수롭지 않게 친구에게 묻는다.

"넌 포자가 몇 개나?"

"영포, 수포 2개. 넌?"

"난 과포, 리포. 크크."

"야, 그래도 포자의 자존심이 있지, 리포는 좀 아니잖아."

"리포되는 게 쉬운 줄 알아. 이것도 대단한 거야."

과학 생물 단원 시간, 균류와 곰팡이 관련 수업을 하는데, 몇몇 아이들이 킥킥대며 웃는다. 왜 그러냐고 물었다. 한 명이 웃으며 말했다.

"우린 곰팡이인가 봐요. 저는 영어 곰팡이예요."

"그게 무슨 말이지?"

"전 영포자거든요. 곰팡이는 '포자'로 번식한다면서요. 저는 영어 곰팡이니까 영포자를 뿌리고 다니죠. 크크."

서로 자기는 수학 곰팡이, 과학 곰팡이라고 말하며 웃는데 속이 아리고 함께 웃을 수만은 없었다.

아이들이 수학, 과학, 영어 등을 포기하는 과정에는 '열등감'이 상당 부분 끼어든다. 그들은 수학이 어려워서, 과학이 재미없어서 포기하는 것이 아니다.

난 아무리 열심히 해도 짝궁처럼 과학 100점을 맞을 수 없을 거라는 생각에 의욕이 나지 않는다. 난 죽도록 영어 공부해도 어학연수 다녀온 앞자리 은아보다 더 좋은 영어 발음을 구사할 수는 없다는 생각에 말하기를 주저한다. 학습과 관련해 많은 경우 선행학습과 결과론적 평가가 아이들을 곰팡이 같은 존재로 만든다. 차라리 일찍 포자가 되는 게 낫다고 말하는 아이도 있다. 그래야 애써봤자 안 되는 거, 힘들게 고생하지 않을 수 있다는 논리다.

열등감으로 스스로 포자가 되는 아이들을 면담하다 보면 공통적으로 한 단어를 언급한다. 바로 '의지력'이다.

"선생님, 전 의지력이 약해서 안 돼요."

"엄마가 그러는데 전 의지가 바닥이래요. 그래서 맨날 이 모양이래요."

"한 시간도 집중하지 못한다고 늘 혼나요. 의지가 없어서 그런 거같아요."

이 대답에서 알 수 있는 것은 부모가 자녀에게 '의지'를 강요하는 대화를 자주 할수록 아이들이 열등감에 빠지기 쉽다는 사실이다.

"조금만 더 의지를 발휘하라니까."
"다 네 맘에 달린 거야. 마음 굳게 먹고 집중해서 하는 의지를 보여야지."

비범한 의지력을 발휘하는 사람은 소수다. 초등학생 중 그러한 의지력을 발휘하는 아이는 더욱 드물다. 아이들의 뇌는 아직 의지력으로 무언가 몰두할 기능이 활성화되어 있지 않다. 어른들은 '작심 삼일'이라 하지만 아이들은 '작심 삼십 분'이 적당한 수준의 의지력이다. 사실 그들은 의지력보다 더 강한 무기로 움직이고 몰입한다. 그건 '호기심'이다.

이렇게 반문할 수도 있다.

"옆집 정환이는 저녁이면 스마트폰도 안 보고 꾸준히 숙제를 잘하는데요. 그건 호기심보다 의지력이 강한 거 아닌가요?"

얼핏 봐서 그렇게 보일 수 있다. 그런데 그건 일정 기간 습관이 잡히도록 반복한 학습의 결과다. 그렇게 습관이 잡힌 아이들과 내 아이를 비교해가며, 결국은 아이의 의지력 없음 탓으로 돌린다.

"네가 의지력을 발휘하지 않아서 그래."

이 말을 습관처럼 반복해서 들으면 아이에게 자연스레 '열등감'

이 형성된다. 의지력이 없다고 믿어버리는 순간 자신은 모든 것에서 부족할 수밖에 없다고 결정지어버린다. 아이와 대화 중에 '의지력을 발휘하라'는 표현을 할 때는 늘 조신해야 한다. 아이들은 이 말을 이렇게 알아듣는다.

'의지력도 없는 형편없는 포자 같은 존재.'

자녀가 이미 포자이고, 열등감의 무게를 지고 있다면 이렇게 대화를 시작하는 것이 좋다.

"큰 그릇은 원래 만드는 데 시간이 오래 걸려."

그 순간부터 아이들은 오랜 기간에 대비하는 힘이 생긴다. 아무리 오래 걸려도 끝이 있기 때문이다. 열등감은 해도해도 안 된다는 무력감에서 시작되고, 원인은 '의지'가 없다는 편잔에서 기인한다.

엄마도 없는 의지력을 아이에게 말로만 강요하는 비겁한 모습을 보이지 말자. 차라리 의지력이 부족함을 인정하고 아이와 함께 밤에 야식을 시켜먹으며 대화를 나누는 것이 무력한 열등감에서 벗어나는 원동력이 된다.

"엄마, 역시 치킨은 밤에 배달시켜 먹는 게 맛있어요."

"네가 인생을 아는구나. 넌 콜라, 엄만 맥주. 건배."

성격 급한
엄마를 위한 대화법

참는 자에게 복이 늦게 온다.

—— 다구치 도모타카, 《성격 급한 부자들》 중에서 ——

행동이 유독 느린 아이들이 있다. 그 아이들을 마주하는 엄마는 늘 언성이 높아진다. 이상하게도 언성이 높아질수록 행동의 변화는 더욱 보이지 않는다. 오히려 매일 더 늘어지는 듯한 악순환이 반복된다. 결국 상담 와서 하소연을 늘어놓는다.

"저녁에 학원 갔다 와서 책상에 앉는 데 한 시간이 걸려요. 보고 있으면 답답해서…. 후~."
"바쁜 아침에 밥 한 번 먹이려면 정말 힘듭니다. 한 수저 뜨는 데 5분 걸려요."
"속 터지는 일이 한두 가지가 아닙니다. 약속시간에 늦어도 천하태평이에요."

그런데 이상하다. 아이는 행동과 말, 심지어 생각도 천천히 하는데 엄마는 성격과 행동 모두 급한 경우가 많다. 면담을 하러 와서도 자기 할 말을 속사포로 던져놓고, 시간 내주셔서 고맙다고 하고는 가버린다. 난 아직 아무 말도 안 했는데 고맙단다. 그럴 때는 살며시 걱정이 밀려온다.

'정말 뭘 알고(느끼고) 고맙다는 걸까?'
나는 상담을 진행하다 이런 말을 자주 하는 편이다.
"초등 시기면 이미 여러 가지가 고착화됩니다. 변화하는 데 생각보다 시간이 걸립니다. 좀 더 지켜보며 기다리죠."

이런 대답에 뭔가 그래도 확실한 것 한 가지라도 얻어야겠다는 일념으로 엄마는 다시금 질문한다.

"언제까지 기다려야 하나요?"

기한을 정해서 알려달라는 질문은, 참 대답하기 어렵다. 그래도 답해준다.

"최소 1~2년은 천천히 지켜보며 기다린다는 마음을 가지셔야 합니다."

'좀 더 지켜보며 기다리자'는 말에 성격 급한 엄마들의 입에서는 자기도 모르게 한숨이 나온다. 나를 만나서 상담하다 보면 뭔가 해결책이 바로 나올 줄 알았는데, 그렇지 않은 현실에 선생님이 너무 느긋한 거 아니냐는 시선을 던진다. 그 시선 속에는 '정말 초등교육 전문가 맞는가요?'라는 의구심이 포함되어 있다. 일종의 압박이다.

초등교육 전문가인지 아닌지는 똑같은 말이라도 어떤 단어에 중심을 두느냐에 따라 결정된다. 내가 말하는 것의 중심은 '기다리자'보다 '지켜보며'에 있다.

대부분의 아동 문제는 일단 세심한 관찰이 필요하다. 정확한 표현이 바로 '지켜봄'이다. 관찰을 하다 보면 어느 순간 통찰이 온다. 아이가 교실에서 그간 보였던 알 수 없던 행동패턴의 이유가 한순간 꿰뚫듯 연결된다.

그 뒤에 성찰을 바탕으로 행동 개선을 위한 이러저러한 시도를 한다. 그러면 그제야 속도감이 붙는다. 그전까지는 일단 곰처럼 천천히 관찰하는 여정을 즐기듯 해야 한다.

아이를 잘 케어하는 부모는 자녀 관찰에 소홀하지 않는다. 그러자면 자연히 인내를 가지고 기다려야 한다. 하지만 지금 당장 지푸라기라도 잡아야 하는 급한 엄마 입장에서 '지켜보며'라는 말은 잘 들리지 않는다. '기다리자'는 말에 방점을 찍고 무거운 발걸음으로 되돌아간다. 안타깝지만 그들은 되돌아가서 '지켜보지도, 기다리지도' 않는다. 아이는 더욱 답답하게 굴고, 엄마는 더욱 조급해진다.

엄마가 급할수록 아이는 천천히 건는다. 누굴 닮아 이런지 맨날 남편을 쏘아보며 책임을 돌려보지만, 엄밀히 표현하면 아이의 '무의식적인 선택'이다.

아이의 무의식 강아지는 잘 알고 있다. 성격 급한 엄마에게 저항하는 소극적인 방법은 멍청해 보일 정도로 천천히 행동하는 것이다. 이 과정에 휩쓸리면 결국 엄마만 짜증 잘 내는 성격 급하고 욕심 많은 나쁜 사람이 된다. 아이의 저항은 목표한 것을 이루는 성공을 맛본다. 물론 아이들은 자신이 무의식적으로 저항하느라 그런 것인 줄 의식조차 하지 못한다. 무의식 깊은 곳 짓궂은 강아지만 꼬리를 살랑거리며 즐거워하고 있을 뿐이다.

아이가 행동을 느리게 할수록 엄마의 목소리 톤이 급해지지 않도록 유의해야 한다. 단지 짧고 단호해지면 된다. 아이의 느려터진 행동과 싸우려 하지 말고, 그런 저항을 일삼는 보이지 않는 강아지와 대결할 준비를 해야 한다. 그 강아지는 엄마의 두려움을 좋아한다.

엄마의 염려하고 두려워하는 모습을 마치 영화를 보듯 지켜본다.

엄마는 그 영화 속에서 담담한 주인공이 되어야 한다. 스크린에 아이가 천천히 밥 먹는 장면이 나오면 담담하게 한 마디만 해준다.

"학교 지각하겠다."

그리고 더 이상 애걸복걸하지 않는다. 억지로 떠먹여주려 숟가락을 들이밀며 아이의 느긋한 저항을 감내하지 않는다. 시간이 되면 먹던 숟가락을 내려놓게 하고 현관으로 데려간다.

"조금밖에 못 먹어 배고프겠지만, 어쩔 수 없구나. 점심시간까지 잘 기다리면 맛있는 밥을 먹을 수 있을 거야. 엄마도 출근한다. 학교

잘 다녀와."

엄마가 대화 과정에서 안달하는 모습을 보이지 않을 때, 그리고 앞으로도 엄마는 애달아하지 않을 거라는 확신이 들 때, 자녀의 무의식 강아지는 더 이상의 시도를 멈춘다. 결국 배고픈 건 본인 몫이 되어버린다. 비로소 스크린 속 주인공 엄마는 평정을 찾고 영화는 끝난다.

엄마만 아이를 괴롭히는 것이 아니다. 아이도 욕구가 있고, 욕망이 있다. 자신이 원하는 사안을 관철시키기 위해 끊임없이 보이지 않는 저항을 시도한다. 이에 대한 현명한 대처는 아이의 표면적 느린 행동에 묶여 있지 않는 것이다. 그렇게 묶여 있지 않다는 것을 보여주는 좋은 방법이 덤덤한 한마디 말이다. 다시 아주 짧은 단편 영화를 보여주겠다.

"지.각.하.겠.다."
영화 The End.

영화는 짧게 끝내는 것이 좋다. 짧을수록 정말 성격 급한 엄마의 한방을 제대로 보여준다.

초등 자녀와 공감 대화법

Q. **공감은 정서적으로 참 따뜻한 말이잖아요. 쉬운 것 같으면서도 어렵고…. 우선 초등 자녀와 공감 대화, 왜 필요한지부터 알고 가면 좋을 것 같습니다.**

네, 초등 시기는 아직 윤리의식이 자리 잡기 전입니다. 도덕적 기준을 배우고 있죠. 그래서 대부분의 상황 판단을 자신의 감정에 맡깁니다. 뭔가 자기감정에 맞으면 옳은 일이고, 감정에 거슬리면 옳지 못한 일로 해석합니다. 즉 자기 자신을 자신의 감정과 동일시합니다.

이때 누군가 자신의 감정을 읽어주는 공감을 해주면, 아이는 단순히 내 감정이 아닌 내 자신을 인정해준다는 느낌을 받습니다. 더 확대 해석하면 자신의 감정에 공감해주는 사람을 신뢰하게 되죠. 그리고 그 신뢰감을 바탕으로 자신을 열어 보이게 됩니다. 이러한 상태를 '라포 형성'이라고 하죠. 공감 대화는 자녀와의 라포 형성에 절대적인 영향을 줍니다.

Q. 자녀와의 '라포 형성'이라, 모든 부모들이 바라는 바죠. 자녀가 부모를 믿고, 어떤 고민도 스스럼없이 이야기하고 그러면서 대화를 나누고…. 공감 대화를 통해 가능하다는 말씀인데요, 바로 묻겠습니다. 어떻게 해야 공감 대화가 가능한가요?

공감 대화의 기본 자세부터 말씀드리겠습니다. 우선 대화 중에 딴생각을 하지 않아야 합니다.

Q. 그런데 사실… 엄마나 아빠가 바삐 처리해야 할 무슨 일이 있어서 대화에 집중하지 못하는 상황들도 있잖아요. 어떻게 하면 딴생각을 하지 않고 대화를 할 수 있을까요?

마음은 단호한 행동을 따라갑니다. 내 몸에 사인을 주는 겁니다. 방법은 이렇습니다. 아이가 뭔가 엄마아빠에게 요청을 하거나 속마음을 얘기하려 할 때, 몸을 돌리고 굽혀서 아이의 시선 위치로 자신을 맞춥니다. 만약 TV를 보고 있었다면 리모컨으로 끄고 돌아앉습니다. 스마트폰을 보고 있었다면 폰을 뒤집어놓고 바로 아이를 응시합니다. 음식을 만들고 있었다면 잠깐 가스불을 끄고 돌아서서 아이의 말에 귀를 기울이는 제스처를 취합니다. 내가 하던 모든 것을 멈추는 약간 단호한 모습을 취합니다. 그럼 생각이 아이에게 집중되죠. 아이는 그 모습을 보는 것만으로도 이미 절반은 자신의 감정이 인정되었다고 느낍니다.

Q. 공감 대화를 하려는 부모 스스로가 단호한 행동으로 자신을 아이의 위치에 맞추라는 말씀이시네요. 자, 하던 모든 걸 멈추고 아이의 시선으로 몸을 낮췄습니다. 그다음은 어떻게 해야 하죠?

아이가 무언가 말을 꺼낼 겁니다. 이때 내용을 들어주면서 아이 표정을 살피셔야 합니다. 조그만 동작들이라도 허투루 여기지 말고 그 움직임에 반응해주면 됩니다.

Q. 표정을 살피고 반응한다… 좀 구체적으로 말씀해주시죠.

아이가 말하면서 얼굴이 상기되었다면 그것 먼저 말해줍니다.

"우리 딸, 얼굴이 벌게졌네. 그 일로 화가 많이 났구나."

이렇게 말해주면서 두 손으로 얼굴을 한 번 감싸듯이 어루만져줍니다.

"우리 한별이, 눈가가 파르르 떨리고 곧 눈물을 흘릴 것 같네. 정말 속상했구나."

이러면서 얼굴을 가슴으로 살짝 끌어안듯 감싸안아줍니다.

자녀의 표정을 언어로 확인해주면서 동시에 몸과 행동으로 반응해줍니다. 여기서 키포인트는 말뿐이 아니라 뭔가 스킨십을 동시에 해주는 게 좋다입니다. 자녀의 표정과 움직임에 신체로 반응을 해주면, 아이 몸이 직관적으로 알아차립니다. 엄마는 내 편이구나 하고 말이죠.

Q. 공감 대화에 들어가기에 앞서 사전작업들이 필요하네요. 하던 일을 멈추고, 표정 관찰하고, 스킨십으로 응답하고…. 다음은요?

무조건적인 수용의 태도입니다. 이것은 아이가 요청하는 모든 것들을 무조건 다 해주라는 의미가 아닙니다. 아이의 감정에 대해서 만큼은 무조건 수용한다는 겁니다.

Q. 감정에 대한 무조건적인 수용이라…. 예를 들어주면 좀 쉽게 이해가 될 것 같습니다.

이런 겁니다. 아이가 마트에서 인형을 사달라고 조릅니다. 그럼 보통 이렇게 말씀하시죠.

"비슷한 인형이 집에 많잖아. 그러니까 이번에는 사지 말자. 다른 인형을 갖고 놀아도 돼. 또 사면 낭비야."

이건 어른 입장에서 아주 논리적인 설명이죠. 하지만 아이 입장에서는 자기감정이 무시되었다고 느낍니다. 그래서 더 큰 소리로 떼를 쓰죠. 이때 이렇게 말씀하는 것이 먼저입니다.

"정말 저 인형이 갖고 싶구나. 이해해. 엄마도 어릴 때 새 인형만 보면 정말 갖고 싶었지…. 그런데 어쩌지, 집에 비슷한 인형이 너무 많아. 너도 알지?"

Q. 그런데 보통 그렇게 말해도 떼쓰는 아이가 있잖아요. 그때는 어떻게 해야 하나요?

다시 비슷한 패턴으로 질문을 하면 됩니다.

"정말 너무 갖고 싶구나. 저 인형을 끌어안고 잠을 자면 좋겠네. 얼마나 포근할까…. 은혜도 그래서 갖고 싶은 거지?"

그러면 아이가 고개를 끄덕일 겁니다. 다시 눈을 마주하면서 또 이야기하는 거죠.

"엄마도 네 맘 알아. 그런데 어쩌지, 오늘은 사줄 수가 없구나. 원한다고 그때마다 모든 걸 다 가질 수는 없거든…."

Q. 갑자기 무한 인내심이 필요하겠다는 생각이 드는데요. 좀 고분고분한 아이면 이 정도면 될 수도 있겠지만 정말 끝까지 떼를 쓰는 아이도 있을 텐데요. 그땐요?

이미 떼쓰는 걸 통해 무언가 획득한 경험이 있다면, 쉽게 포기하지 않습니다. 그렇다고 마지막에 '화'를 내거나 '큰 소리'를 치면 지금까지의 노력이 물거품이 됩니다. 이때는 감정에 대한 공감 표현을 한 번 더 하시고, 이어서 I-Message를 덧붙여줍니다.

Q. I-Message가 뭔가요?

표현 대상이 상대방이 아닌 나에게로 향하면서 귀결되는 문장을 말하는데요. 보통은 I-Message가 아닌 다음과 같이 말합니다.

"정욱아, 네가 이렇게 떼쓰면 어떡해! 떼쓰는 건 나쁜 거야."

이건 정욱이라는 상대방에게 귀결되는 문장입니다. You-message라고 하죠. 반면에 I-Message는 이렇게 끝납니다.

"네가 계속 떼를 써서, 엄마는 좀 서운하구나."

이건 정욱이가 아닌 엄마, 즉 말하는 사람에게 귀결되는 문장이죠. 이렇게 I-Message로 표현하면 상대방이 공격당했다는 느낌이 현저하게 줄어듭니다.

Q. 공감 표현과 I-Message를 연결하라는 말씀이신데요. 예를 들어서 좀 더 알려주세요.

이렇게 하시는 겁니다.

"이렇게 오랜 시간 사달라고 조르는 걸 보니 정말 너무너무 갖고 싶은가 보다. 하지만 이미 집에 많아서 사줄 수가 없어. 이렇게 엄마가 몇 번씩 설명해주는데도 계속 떼를 써서 엄마 입장에서 많이 서운한 느낌이 들어."

Q. 솔직히 이 정도면 그냥 머리를 쥐어박고 싶은 심정인데요. 이렇게까지 하면서 계속 공감 대화를 해야 하나요?

쉽지 않죠. 그 마음 공감합니다. 하지만 이렇게 말씀드리고 싶습니다. 부모도 해주기 어렵다면, 다른 사람들 중 과연 내 자녀를 위해 공감 대화를 해줄 사람이 몇이나 될까요? 처음에 말씀드렸죠. 공감 대화가 습관이 되면, 자녀와 라포를 형성할 수 있습니다. 그러면 아마 어제의 우리 집이 아닌 새로운 세상을 만난 듯 느껴질 겁니다.

Q. 초등 자녀와의 공감 대화, 마지막으로 한 말씀 더 해주신다면….

공감 대화의 시작은 하던 일을 멈추고 고개를 돌려 아이를 바라보는 것부터라고 말씀드렸습니다. 작은 표정의 움직임도 잘 살피고, 스킨십과 더불어 감정을 읽어주시라고도요. 그리고 감정에 대한 무조건적인 수용, I-Message…. '뭐가 이렇게 복잡해?'라고 생각할 수도 있습니다. 너무 복잡하다고 여기신다면… 한 가지만 말씀드리고 싶습니다.

"아이에게 관심을 좀 가져주십시오."

공부하는 것 말고, 진로에 대한 걱정 말고, 그냥 아이의 사소한 것들에 관심을 가져주세요. 진짜 관심을 갖지 않으면, 형식만 공감 대화법이지 알맹이는 아무것도 없습니다. 아이들은 진짜 관심인지 아닌지 금방 알아챕니다. 공감 대화법의 진검승부는 '진짜 관심'에 달려 있음을 잊지 않으셨으면 좋겠습니다.

공감하는 엄마 말이
아이 마음을 바꾼다

제7화
말 없는 가족

25

단짝친구와 힘들어하는
자녀와 대화하기

내가 걱정스레 묻자 송채원이 귀에 속삭였다.

간질간질한 느낌이 좋았다. 비밀이라는 말도 좋았다.

왠지 진짜 2학년이 된 기분이었다.

── 정연철, 《텔레파시 단짝도 신뢰가 필요해》 중에서 ──

하교하기 전, 주아가 살짝 다가와 속삭이듯 말했다.

"선생님! 저 단짝 생겼어요."

"좋겠구나. 누구?"

"내일 보면 알아요. 이따가 만나서 같이 똑같은 샤프 사기로 했어요."

오랫동안 이 친구, 저 친구 기웃거리던 주아에게 단짝친구가 생겼다. 표정은 온 세상을 다 가진 듯 싱글벙글이었다. 하지만 그리 오래 가지는 못할 거라 예상했다. 늘 그렇듯 단짝친구라고 해서 항상 즐겁고 행복한 건 아니다.

대인관계에서 아직 적당한 경계선을 모르는 아이들은 단짝친구를 통해 거리감의 중요성을 배운다. 단, 그 과정에는 아픔이 동반된다. 다투고, 속상하고, 분노하고, 헤어지고, 다시 만남을 시도하고, 또 헤어짐을 반복한다. 옆에서 이 모두를 지켜봐주는 부모에게도 엄청난 내공이 필요하다. 대부분의 아이들은 힘겨운 여정에 휩쓸려 대인관계의 경계선을 배우기도 전에 파국으로 치닫는다. 그리고 같은 실수를 반복한다.

자녀에게 단짝친구가 생겼음을 알게 되면 아이의 대인관계에 큰 획을 긋는 사건이 시작되었음을 인지하고, 부모는 함께 긴장할 필요가 있다. 그리고 아이가 처음으로 맞이하는 깊은 대인관계에서 같은 실수를 반복하는 패턴이 자리 잡지 않도록 현명한 코칭이 필요하다. 그 코칭은 대화에서부터 시작된다.

일단 단짝친구가 생겼음을 알았을 때, 첫 반응은 축하다. 마치 행복한 신혼부부를 대하듯, 알콩달콩 잘 지내라고 말해준다. 대부분의 부모들은 먼저 누구냐고 묻는다. 그리고 혹시 불량한 아이는 아닌지부터 파악에 들어간다. 그 순간 자녀는 단짝친구와의 일을 엄마에게 감춰야겠다는 느낌을 받게 된다. 누구냐고 묻지 말고 어떤 친구인지 묻는다.

"엄마, 단짝 생겼어."

"아이 좋겠다~. 친구랑 알콩달콩 재밌겠네. 그 친구의 어떤 점이 그렇게 좋아?"

"말이 잘 통해."

"그렇구나. 궁금하네, 어떤 아인지…."

"엄만 모르는 애야."

"누구든 괜찮아. 언제 같이 집에 놀러와. 파자마 파티도 하면서 떡볶이도 먹고 해."

"정말 그래도 돼?"

"그럼~."

이렇게 지지와 응원을 보낸다. 엄마 입장에서 상대 아이가 공부는 잘하는지, 성격은 좋은지, 불량한 아이는 아닌지 궁금할 수 있다. 그래도 일단 너무 자세히 알려고 하는 모습을 보이는 건 좋지 않다.

친구에 대해 묻기보다 자녀의 현 상태, 느낌에 함께 집중해준다. 행복에 겨운 첫날, 단짝에 대해 꼬치꼬치 묻는 모습을 보이면 자녀는 자기 친구를 엄마가 판단하기 시작한다고 생각한다. 그리고 이는 곧 자신의 선택을 믿지 못한다는 의미로 전달된다. 어차피 어떤 아이인지는 며칠만 지나면 알게 된다.

단짝친구가 생긴 뒤부터는 매일 아이의 표정을 꼭 확인해야 한다. 특히 카톡을 주고받을 때의 표정을 보면 지금 좋은 관계가 유지되는지 아니면 뭔가 문제가 생겼는지 바로 알 수 있다. 밝은 표정일

경우 너무 오랫동안 또는 밤늦게까지 카톡하는 것에 대해서 집에서 정한 명확한 기준을 알려준다. 표정이 어두운 상태에서 카톡을 할 때는 일단 멈추게 하고 상황을 묻는다.

"영희야, 카톡 멈추고 잠깐 얘기하자."

"안 돼. 지금 중요한 순간이야. 여기서 빠지면 또 어떻게 될지 모른다구."

"일단 무슨 일인지 이야기를 하고 카톡해도 늦지 않아. 카톡에 잠깐 기다리라고 해."

"안 된다니까…. 그럼 이제 못 낀다니까…."

"몇 분 정도도 널 기다려줄 수 없는 친구라면, 엄마는 다시 생각해봐야겠구나."

"뭘 다시 생각해?"

"단짝친구에 대해서…."

아이마다 상황은 다르다. 하지만 단짝과의 관계에서 자녀의 표정이 어둡다면, 이제부터 마음껏 진지하게 질문을 던져도 된다. 어떻게 서로 단짝을 하게 되었는지부터 시작해서, 그동안 어떻게 놀았고 지금은 무엇 때문에 힘든지, 시간을 갖고 찬찬히 들어준다. 생각보다 사소한 일들일 수도 있고, 심각한 상황일 수도 있다. 어떤 경우든 자녀의 감정 상태를 받아주며 일단 모두 들어준다. 충분히 물어보고, 충분히 들어주는 시간이 중요하다. 이 과정 없이 다음과 같이 말하면 안 된다.

"그런 아이였어. 그만 만나!"
"그런 일이 있었구나. 근데 왜 너는 가만있었어. 너도 똑같이 복수해야지!"

아이가 눈물을 글썽인다고 같이 동요되어 어떻게 행동할지 알려주기보다 가급적 결론이나 다음 대응은 스스로 판단하도록 시간을 주는 것이 좋다.

"아~ 그런 일들이 있었구나. 엄마도 속상하다. 음… 앞으로 어떻게 할지 깊이 고민해볼 시간이 필요할 듯해. 오늘 저녁 생각해봐. 슬프면 더 울어도 되고, 더 큰 소리 내서 속상해해도 돼. 엄마는 잠깐 비켜줄게. 엄만 널 항상 응원해."

아이가 끝까지 관계를 유지하기 위해 노력해보겠다면 몇 번의 시도를 더 허락해도 된다. 단 어떤 방식으로 진행할지는 들어봐줄 필요가 있다. 아이가 결별하기로 선택한다면 가급적 직접 말하라고 하며 방법을 찬찬히 알려준다.

"생각해봤는데, 우린 단짝친구 관계를 그만 멈추는 게 좋겠어. 그동안 고마웠고 그냥 교실 친구로 지내고 싶어."

대부분 흐지부지 단짝관계를 마무리 짓는다. 그리고 애매모호한 상태를 유지한다. 그보단 시작과 마침이 분명할 수 있도록 안내해주면, 아이가 낭비하는 심리적 에너지를 현저히 줄일 수 있다.

유의할 사항이 있다. 단짝의 관계에서는 무수한 애착이 서로를 교차한다. 그 흐름을 읽어야 한다. 서로에 대한 애착이 지나치다고 판단될 때는, 아이에게 적당한 간격을 유지하라고 알려준다. 또한 앞 과정과 대화를 모든 사항에 똑같이 접목하려 하면 안 된다. 만약 학교폭력과 관련된 일이 발생한다면 그때는 무조건 바로 개입이 들어가야 한다. 그 순간의 판단까지 아이에게 유보하는 것은 책임 회피이고, 아이 입장에서 심리적 안전감에 손상을 받을 수 있다.

자녀와 단짝과의 관계는, 즐겁게 잘 만나는 것도 중요하지만 어떤 과정을 통해 헤어짐을 겪는지 또한 중요하다. 추후 성인이 되어 이성과의 만남에도 이는 그대로 적용된다. 지나친 애착으로 상대를 통제하는 방식으로 만날지, 반대로 통제 받아 스스로를 억압하는 관계로 만날지, 서로 적당한 간격을 유지해주며 존중과 품위를 유지하는 관계로 발전할지는 지금, 오늘 단짝과의 관계에 달렸다.

26

거짓말하는
자녀와 대화하기

모두 입을 모아 도널드 트럼프 같은 사람은 대통령이

될 수 없다고 말했다. 그런데 트럼프가 당선됐다….

사람들이 거짓말을 한 걸까?

―― 세스 스티븐스 다비도위츠, 《모두 거짓말을 한다》 중에서 ――

자녀가 엄마에게 거짓말했다는 사실을 처음 알았을 때, 그때 느끼는 첫 상실감은 매우 크다. 까불고 장난치고 친구와 싸워 속상하게 했어도 상실감까지는 느끼게 하지 않았다. 개구쟁이여도 착한 아이인 줄 알았는데, 엄마를 감쪽같이 속였다는 사실에 충격을 받는다.

더구나 조금 전 저녁식사 시간 때 엄마한테 거짓말해놓고 그렇게 태연하게 재잘거리며 카레라이스를 맛있게 먹었다고 생각하면, 배신감과 괘씸함이 깊은 곳에서부터 올라온다. 일단 아빠한테 말해서 혼쭐나게 해주었지만, 앞으로 어떻게 키워야 할지 막막한 심정마저 든다. 일단 이렇게 말하고 싶다.

"거짓말했다고 해서 착한 아이가 아닌 건 아니다."

도덕적으로는 나쁘지만, 심리적으로는 나쁜 것이 아니다. 두렵고 약한 것뿐이다. 그래서 아이는 거짓말이라는 회피를 선택한다. 심리적 회피는 다양한 양상으로 나타난다. 많이 먹기, 잠자기, 화내기, 과장하기, 거짓말하기, 못 들은 척하기, 까먹은 척하기… 등 헤아릴 수 없다. 그 많은 선택지 중 하나를 고른 것뿐이다.

역설적으로 거짓말을 한 아이의 모습이 무의식까지 드러나는 가장 솔직한 상태라고 할 수 있다. 무섭고 떨리니 이쯤해서 자신을 감추라고 속삭인 무의식 강아지의 말을 따랐기 때문이다.

아이가 거짓말한 상황을 파악했다면 혼자 되뇌일 필요가 있다.

'준범이가 이것 때문에 무서워했구나.'

'선희가 이걸 무척 좋아하는데 그동안 못해서 속상했구나.'

'정은이가 본인이 무얼 잘못했는지는 알고 있구나.'

아이는 지금까지 살아온 10년 삶의 경험으로 알고 있다. 엄마가 어디까지 허용해주고, 어느 선을 넘어가면 혼날지 확신이 있다. 그 선을 알기에 거짓말이 시작된다. 그 경계선을 넘어 잘못을 했더라도 솔직하게 말해야 하는데, 아직 그 용기가 없을 뿐이다.

자녀가 거짓말을 했을 때 보통 다음과 같이 대화가 진행된다.

사실관계 확인 ▸ 추궁 ▸ 협박 ▸ 다짐받기	
사실관계 확인	엄마 : 그러니까 네가 거짓말한 거였네. 아이 : 네~.
추궁	엄마 : 어쩌자고 그랬어. 그런 일 가지고 거짓말을 하면 어떻게. 사실대로 말했어야지. 엄마아빠가 널 거짓말쟁이로 키웠어? 응? 아이 : (말없음… 또는) 죄송해요.
협박	엄마 : 너 또 그러면 그땐 아빠한테 말해서 정말 엄청 혼날 줄 알아. 그리고 무조건 휴대폰도 압수고, 용돈이고 뭐고 없어. 아이 : 네~.
다짐받기	엄마 : 다시는 거짓말하지 않겠다고 약속해. 아이 : 네, 다시는 안 그럴게요.

자녀가 거짓말을 했을 때, 사실관계 확인과 추궁에만 몰두해서는 안 된다. 기본 확인이 끝나면 서로에 대한 신뢰 회복으로 방향을 잡고 대화를 진행해야 한다.

과정은 다음과 같다.

사실관계 확인 ▶ 정서적 서운함 전달 ▶ 정서적 두려움 확인 ▶ 용서 ▶ 신뢰 회복 다짐	
사실관계 확인	**엄마** : 그러니까 네가 거짓말한 거였네. **아이** : 네~.
정서적 서운함 전달	**엄마** : 그래도 우리 딸이 이런 일로 엄마를 속일 거라고는 　　　생각조차 못했어. 엄마가 많이 서운하구나. **아이** : (말없음… 또는) 죄송해요.
정서적 두려움 확인	**엄마** : 사실대로 말하면 엄마한테 혼날 것 같아서 무서웠니? **아이** : 또 영미랑 다시는 카톡 못하게 할 거라고 생각했어요. **엄마** : 친구랑 못 놀게 할까 봐 그런 거였구나.
용서	**엄마** : 네가 그걸 얼마나 원했는지 알겠다. 일단 이번 일은 여 　　　기까지야. 엄마가 더 이상 혼내지는 않을 거야. 너도 　　　힘들었겠지. 그래도 다음에는 솔직하게 말해야 해. **아이** : 네.
신뢰 회복 다짐	**엄마** : 엄마도 하나는 약속하마. 네가 친구를 소중히 여기는 　　　건 존중해줄게. 이제부터 친구관계에 간섭하는 건 줄 　　　일게. **아이** : 저도 친구 문제를 가지고 거짓말하지 않을게요.

아이가 거짓말을 한 사실을 알았을 때, 상실감에 빠져 오랜 시간을 허비하지 않도록 한다. 그 순간이 오히려 신뢰를 회복하는 좋은 기회기 될 수 있다. 거짓말한 사실에 대해서는 훈육은 하되, 추궁이 아닌 신뢰 회복의 과정을 밟아야 한다. 이를 한층 더 돈독해질 기회로 삼는다.

다시 말하지만, 초등 아이들에게 거짓말은 비윤리적 행위가 아니다. 심리적 나약함을 보여주는 행위이자 동시에 회피다. 두려움에 직면할 수 있는 기회를 주면 된다.

폭력적인 아이와
대화하기

학교 폭력은 절대로 사라지지 않는다.

—— 노윤호, 《엄마아빠가 꼭 알아야 할 학교 폭력의 모든 것》 중에서 ——

학폭위(학교폭력자치위원회의)가 열리면 학교 업무의 상당 부분이 지연된다. 좀 더 구체적으로 표현하면 교육이 멈춘다. 실제 사법적인 효력만큼 강력하지 않지만 학폭위 과정 자체는 '절차'를 따른다. 절차라는 것은 상황에 따라 이렇게 변형해도 되고 저렇게 해도 되는 그런 것이 아니다. 무조건 정해진 대로 해야 한다.

하지만 교육은 그렇지 않다. 상황에 따라 빼고 넣고 순서를 바꾸기도 한다. 피교육자들의 환경이나 상황, 수준 등을 고려할 여지가 많다. 그래야 맞춤형 교육이 된다.

그러나 학폭위 과정은 맞춤형이 아니라 고정형이다. 그래서 담임의 교육적 의도는 거의 배제된다. 섣불리 담임이 학폭위와 별개로 합의 과정에 관여했다가는 피해학생 또는 가해학생 편을 들어준다는 의미로 해석되고 이는 행정이나 민사소송으로 연결될 여지를 준다.

바꿔 말하면 학폭위가 열리는 순간 담임이 교육적 의도를 가지고 할 수 있는 일은 아무것도 없다는 것이다. 피고와 원고가 있듯, 피해학생과 가해학생이 있을 뿐이다. 학폭위에서 가장 아쉬운 부분이 그것이다. 학폭위는 결국 담임과 학생의 대화를 멈추게 한다.

가정에서 폭력적인 자녀와 대화를 시도할 때도 마찬가지다. 폭력적인 성향의 자녀와 대화할 때 가장 염려해야 할 부분은 부모가 마치 학폭위 위원과 같은 역할을 해서는 안 된다는 것이다. 쉽게 표현해서 '조사자'의 모습만 보여서는 안 된다는 의미다. 그 순간 대화는 없어지고 절차에 따른 합리적 조치와 처벌만 남는다. 조치와 처벌은 폭력성을 근본적으로 해결해주지 않는다. 폭력을 근본적으로 해결하기 위한 방안은 폭력의 합리성을 인정해주지 않는 '직면'에서 시작된다.

자녀가 폭력성을 보일 때, 부모는 두 가지를 걱정한다. 우리 아이가 누군가에게 피해를 줄까 걱정하고, 다른 하나는 피해학생 측에서 어떤 과도한 보상이나 요구를 해올지 염려한다. 이러한 염려는 폭력성을 보이는 자녀를 둔 부모에게 많은 방어기제를 만든다. 어떻게든 우리 아이가 그런 폭력적인 상황에 놓인 것은 나름 이유가 있어서 그럴 수밖에 없다는 근거를 찾으려 애쓴다. 학폭위 과정에서 정상참작의 여지를 조사하는 것과 비슷하다. 실제로 그러한 합리성과 당위성이 인정되어 가해학생의 조치에 영향을 준다.

"원래는 착한 아이입니다. 그 아이가 지속적으로 놀려서 결국 폭발해서 이렇게 된 거예요. 사실 우리 아이 입장에서는 억울한 면이 있습니다."

원래 착한 아이인 건 안다. 그런데 지속적으로 놀리던 아이도 원래 착한 아이였다. 폭력성의 근원을 찾으려면, 폭력을 할 수밖에 없었던 합리적 이유를 찾으려 해서는 방향성을 잃는다. 폭력은 어떤 이유로든 합리화될 수 없다는 선상에서 출발해야 한다. 그래야 강한 방어기제를 펼치고 싶은 깊은 무의식적 욕망을 제어할 수 있다. 폭력적인 아이들의 무의식 강아지들은 부모에게 그 방어기제를 사용하게 부추기도록 프로그램화된 경우가 많다. 그래서 부모가 눈이 먼다. 원래는 착한 아이이고 어쩔 수 없이 그렇게 되었다는 데서 멈춘다. 그건 자기 합리화에 빠진 것뿐이다. 그래서 보통 대화가 이렇게 진행된다.

"네가 때린 거 맞니?"
"응."
"왜 때렸는데…"
"걔가 맨날 돼지라고 놀리잖아."
"그런 심한 말을 했어! 나쁜 아이 같으니라구. 그래서 네가 때릴 수밖에 없었구나."
"그런데 선생님은 나만 혼냈어."
"선생님이 상황을 정확하게 판단하지 못했네. 일단 걱정하지 말고 있어. 네가 그럴 수밖에 없었던 걸 나중에 상담할 때 선생님한테 말씀드릴게. 그래도 일단 때리는 건 너도 조심해야 해. 알았지?"
"응."

이런 대화로는 폭력을 멈출 수 없다. 언제든 때릴 만한 상황이 되는 이유가 발견되면 다시 폭력을 사용한다. 일단, 폭력 상황이 확인되고, 이것이 우발적이든 의도적이든 결과로 드러났다면 그 순간부터 합리화를 멈춘다. 단호함이 필요하다.

"어떤 이유로든 폭력은 정당화될 수 없어."

"그럼, 날 맨날 놀리는데 당하고만 있어?"

"선생님한테 가서 말씀드려."

"말하면 뭐해. 적당히 혼내기만 하는데. 그리고 난 선생님한테 고자질하는 아이만 되고."

"말했지. 어떤 이유로도 폭력은 정당화될 수 없어. 놀림받는 걸 이르는 건 정당한 행위야. 하지만 네가 때리는 순간 그건 정당한 행위가 되지 못해. 선생님께 말씀드렸는데도 해결되지 않으면 참았다가 집에 와서 엄마한테 말해. 엄마가 직접 가서 네가 얼마나 그 놀림으로 힘들었는지 말씀드릴 거야. 놀림 또한 언어 폭력이기 때문에 엄마가 널 보호해줄 거야. 하지만 네가 문제를 해결하려고 신체 폭력을 쓰는 건 절대 용납 못해. 그때는 엄마가 선생님께 말씀드려도 소용없는 일이야."

대부분의 신체 폭력은 감정의 결과다. 복수 또는 분노 표출이다. 분노할 수밖에 없는 이유가 있었다는 이유로 그 행위 자체에 보호막을 쳐주는 순간, 작든 크든 폭력에 정당성을 부여해준다. 자신의 화나는 감정을 폭력으로 표현하는 건 조절감이 부족했다는 방증일 뿐이다.

초등학생들에게 자기 조절감은 명확한 기준을 잡아주는 데서 형성된다. 그럴 수밖에 없었다는 애매한 표현으로는 아무것도 이룰 수 없다. 분노 자체, 화난 자체에 공간적 표현을 해줄 수는 있다. 화가 난 상태는 거짓이 아니기 때문이다.

그러나 그 공감 표현이 허락의 의미로 비춰지는 사례에 대해서는 단호해야 한다. 부모 입장에서는 설령 우리 아이가 가해자일지언정 보호해주어야 한다는 당위성이 있다고 생각한다. 어떤 경우이든 자녀를 보호할 책임이 있다. 맞는 말이다. 그런데 그 보호가 신체 폭력에 대한 인정일 수는 없다. 부모에게는 보호뿐 아니라 교육할 책임도 있다. 폭력에 대해서는 용납되지 않는다는, 부모라도 폭력 앞에서는 보호할 권한이 약해짐을 명확히 인지하게 해주어야 한다. 그것이 우리 아이가 무의식 강아지의 살랑이는 폭력의 유혹에서 단호해지도록 해준다. 폭력은 감정적 해결을 위한 방안으로 가장 쉽게 빠질 수 있는 유혹이다.

"어떤 경우도 폭력은 용납될 수 없다."

이게 지속적으로 신체 폭력을 하는 자녀와 대화할 때의 핵심이다. 다른 고상한 말을 찾으려 애쓰는 순간 방어기제의 합리화를 따르게 된다.

우울한 아이와 대화하기

이 책이 여러분에게 하고자 하는 이야기는

슬픔의 심연에 대해서이고,

가끔 그리고 자주 우리의 마음을 지속적으로 송두리째 빼앗고,

말을 하거나 행동을 할 기력마저도,

살고 싶은 의욕마저도 잃어버리게 만드는

의사소통 불능의 고통에 대해서이다.

— 줄리아 크리스테바, 《검은 태양》 중에서 —

이상할 정도로 말이 없는 아이들이 있다. 그런 아이들에게는 몇 마디 관심 가져볼 내용을 갖고 기습적으로 질문을 던진다.

"소정아, 위너원이 해체된데. 누구 좋아하는 멤버 있어?"

이 정도 질문이면 적어도 아무리 관심 없던 아이라도 대부분 짧막하게라도 대답은 해준다.

"알고 있어요."

그 대답을 기회삼아 다른 것들을 질문하며 어떻게든 속마음을 살짝 건드려볼 수 있다. 그런데 막강하게 저항하듯 말없는 아이들이 있다. 그들은 말이 아닌 눈빛으로 나를 제압한다. 그 눈빛의 의미는 질문한 나를 무색하게 만든다. 관심 없다는 듯 서랍에서 색종이를 꺼내거나 책을 꺼내어 고개 숙여 읽는 척한다. 또는 화장실을 가버린다. 그럴 때는 나도 방법이 없다. 단지 한 번 더 확인 차원에서 학부모 면담 때 질문을 한다.

"아이가 집에서 학교 얘기는 잘하나요?"

형식상 자녀와 부모 사이에서 일상생활에 대한 정보 공유가 어느 정도 이루어지는지에 대한 질문이다. 그러나 깊은 의도는 적어도 집에서는 대화를 하는 상황인지 알아보는 간접 질문이다. 많은 학부모들이 직접적으로 물어보면 의외로 대답을 잘 안 해주거나 안개를 뿌리는 듯 모호하게 답해준다. 혹시나 우리 아이가 이상하게 낙인찍힐까 두려워하는 것이다. 충분히 이해한다. 일상적인 상황이라면 '이런저런 얘기를 잘해요 / 어쩌다 얘기해요 / 물어봐도 귀찮다는 듯 대답을 잘 안 해요'라고 답한다. 이러한 대답과 상관없는 대답을 해 주는 경우 집에서도 감당하기 어려운 상황이라고 짐작한다.

답답할 정도로 말을 안 하는 아이의 경우 부모들은 보통 두 가지 입장을 보인다.

'학교에서 별일 없으니까 말 안 하는 거겠지.'
'말도 못하고 맨날 혼자 끙끙대는 건 아닐까?'

그러나 이것이 말이 없는 이유의 다는 아니다. '말없는 아이들의 말없음'의 이유는 대부분 '그냥'이다.

상황에 따라 '말 못할' 이유는 있다. 그건 앞에서 말한 사안이 답이 된다. 별일이 없거나, 말했다가 상황을 악화시킬까 봐 끙끙대는 경우다. 하지만 이상할 정도로 '그냥' 말없는 아이들이 있다. 그 아이들과 대화하기는 말 못하는 아이들보다 더 어렵다. 적어도 말 못하는 아이들은 몇 가지 연관된 질문을 하며 안심시키면 터놓기 시작한다. 하지만 말없는 아이들을 말하게 할 이유를 만들어내기는 어렵다. 부모는 대화하고 싶지만, 아이는 '그냥 있고' 싶다. 그 거리감을 좁히는 과정이 선행되어야 작은 대화가 시작된다.

서두가 너무 길었다. 이제부터 본격적인 이야기를 하겠다.

'그냥' 말없는 아이들의 경우 깊은 내면 안에 우울이 잠재해 있을 가능성이 높다. 우울에도 경도가 있고 중도가 있다. 사춘기에 접어든 아이가 반항의 모습이 아닌, 멜랑콜리한 모습으로 말없이 혼자의 시간을 갖기 시작한다면, 그 정도의 '그냥'이라면 굳이 대화를 걱정 할 필요는 없다. 적당히 혼자만의 시간을 즐기다 빠져나올 즈음 내 화가 다시 연결된다. 잠시 시간을 주고 기다리면 된다.

문제는 깊은 '그냥'의 수준에 있는 아이들이다. 그들과 대화의 물 꼬를 트기 위해서는 지속적인 관찰과 통찰이 요구된다. 우울은 시 간을 준다고 해결되고 대화가 시작되는 것이 아니다. 대화를 열 용 기를 쥐야 하는데, 그 용기는 누군가 충실한 관찰자가 있을 때 낼 수 있다.

우울은 상처를 감추기 위한 가장 두꺼운 가면이라고 보면 된다. 깊은 우울 속에서 '그냥'이라고 말하지만, 그 말은 통증조차 느끼지 못하는 감각 상실의 표현이다. 통증은 상처에서 온다. 그런데 통증을 느끼지 못하면 상처를 직면하기 어렵다. 사실 상처를 직면하는 과정에서 느껴질 엄청난 통증에 대한 두려움으로 우울을 택한 것이다.

'그냥'이라고 말하는 아이에게 꼬치꼬치 캐묻는 자세는 '그냥'을 더욱 견고하게 해야겠다는 강한 방어기제 욕구를 만들어낸다. 내 상처를 자꾸 건들고, 결과적으로 날 아픈 통증으로 끌고 가려는 부모, 교사를 받아들이기는 어렵다. 더구나 자신의 상처가 부모의 통제로 인해 또는 부모의 방임으로 인한 것이었다면, 그 가해자들에게 더욱 자신을 감추어야 한다. 그래야 '그냥'으로라도 있을 수 있다. 그들은 상처로 인한 통증과 고통에 대한 마취제로 '그냥 있음'이라는 우울 처방전을 어떻게 해서든 끌어안고 있다. 살기 위한 마지막 간절함, 소리 없는 몸부림이다.

이러한 깊은 우울을 어떻게든 떨쳐버리게 하려고 이벤트를 만들고, 선물을 주고, 코믹 영화를 함께 보러 가고 하지만 그런 모든 행위 자체가 별 도움이 안 되고 더 큰 괴리감만 안겨준다. 기뻐해야 하는데 전혀 기쁘지 않은 자신을 발견하고 더 깊은 자기 속으로 빠져든다.

우울한 아이와의 대화는 '안정감' 주기부터 시작되어야 한다. 상처를 꺼내어 직면하게 하는 것은 맨 나중 일이다. 급한 마음에 상처를 기억하게 해주고, 어떻게든 이겨내야 함을 강조하는 순간 아이는 더 멀리 도망간다.

심한 우울을 보이는 아이와는 적극적인 대화를 시도하지 않는다. 이게 우울한 아이와의 대화 자세다. 일단 아이가 안전하다고 느낄 만한 충분한 거리를 둔다. 단, 언제든 아이가 고개를 들면 널 계속 지켜주고 바라보고 있다는 느낌을 주는 것이 필요하다. 그들과의 대화는 말이 아니라 소속감과 안전감을 주는 것으로 이루어진다. 너는 혼자가 아닌 '우리'라는 울타리 안에 있음을 인지하게 해주어야 한다. 그런 아이들에게 나는 자주 이름을 불러주는 대화를 시도한다. 그냥 이름을 불러주는 것이 아니다. 이름 앞에 '우리'를 붙여준다.

"우리 민영이, 학교 왔구나."
"우리 정욱이, 밥 먹었구나."

그들은 대답을 하지 않지만, 그래도 괜찮다. 나를 '우리'라고 불러주는 사람이 한 명이라도 있다는 걸 알아주면 된다. 적어도 혼자는 아니라는 사실을 주기적으로 반복해서 알려준다. 아이에게 용기가 생기면 '우리'에 있는 사람을 찾아오게 되어 있다. 그때 아이가 꺼낼 수 있는 만큼만 이야기를 들어주면 된다. 답답하겠지만 그 이상의 대화는 심리 전문가에게 맡기는 것이 좋다.

인정하자. 우리는 심층분석 전문가가 아니다. 보통 사람들이다. 우울한 아이에게 뭔가 해결적 대화를 해줄 수 있다고 착각해선 안 된다. 그 정도였다면 자녀가 우울한 상태가 되지도 않았다. 부모로서 마음 아프겠지만 사실이다. 그래도 희망을 준다면, 적어도 우리는 '소속감'을 줄 수는 있다. 바쁜 일상을 뒤로하고 잠들기 전, 우울 속 무의식 강아지가 혼자 그냥 있으라고 심하게 꼬드기며 활개 치는 시간, 반드시 아이의 이름을 불러주자.

"우리 채은이, 푹 자고 내일 만나자."

초등 언어의 온도

Q. '초등 언어의 온도'라면⋯ 아이들이 일상적으로 사용하는 대화에 대한 이야기인가요?

네, 특히 학급에서 초등 학생들이 친구들과 사용하는 언어에 대한 이야기를 해보겠습니다.

Q. 문득 이런 질문을 하고 싶네요. 선생님이 생각하기에 요즘 '초등 언어의 온도'는 평균 몇 도인가요?

난해한 비유적 질문인데요. 이렇게 답변을 드리겠습니다. 최근 대한민국 '초등 언어의 온도'는 '영 도'입니다.

Q. 영 도요? 차갑다는 뜻인가요?

맞습니다. 차갑습니다. 그런데 정확히 말씀드리자면 영 도는 좀 애매한 차가움입니다. 확실하게 꽁꽁 얼려버릴 만큼도 아니고 그렇다고 얼지 않는 온도라고 할 수도 없는 그런 모호한 온도지요.

Q. 어떤 점이 모호하다는 거죠?

답변 대신 제가 질문을 드리겠습니다. 요즘 아이들은 '헐~'이라는 표현을 자주 씁니다. 워낙 자주 해서 교실 안에서 일상 언어가 되어버렸습니다. 심지어 교사인 저도 의식하지 못하는 사이에 학생들과 대화하다가 사용하기도 하지요. 뭔가에 정말 기가 차거나 황당할 때 쓰는 표현인데요. '헐'이라는 이 말, 욕인가요 아닌가요?

Q. 일단 누군가를 거칠게 공격하는 표현은 아니니까 '욕'은 아니겠죠.

예, 욕은 아닌데… 그렇다고 초등 아이들이 이런 언어를 계속 사용해도 된다고 생각하시나요?

Q. 애매하네요.

그런 애매한 표현에 또 '쩐다'가 있습니다. 누군가 아주 황당하면서도 동시에 대단하다고 느낄 때, 그러면서도 한편 약간 비아냥거리는 것 같으면서도 동시에 부러움을 담아서 '우와, 쩐다'라고 합니다. 느낌이 어떠신가요?

Q. 욕은 아닌 것 같으면서도 '헐'보다는 억양이 좀 강해서 거부감이 느껴지네요.

예, 바로 그 점입니다. 욕은 아닌데, 그렇지만 어른들이 듣기에는 거북하게 느껴지지요. 뭔가 언어순화가 필요한 느낌이 들고요. 처음에 저는 '쩐다'라는 표현을 듣고 욕인 줄 알고 아이를 불러서 혼을 낸 적이 있어요. 친구에게 욕하면 안 된다고 말이죠. 그랬더니 이렇게 대답을 하더군요.

"선생님, 이건 욕이 아닌데요. 그냥 너무 부러워서 하는 말인데요."

그 말을 들은 상대방도 아무렇지 않다는 표정을 제게 보냈지요. 그때 고민이 되었습니다. 이런 말들을 그냥 '또래 언어' 정도로 생각하고 못 들은 척 넘어가야 하는지 아니면 그때마다 주의를 주어야 할지를 말이지요.

Q. 그래서 어떻게 하셨나요?

그런 고민을 하면서 며칠 그냥 지켜보았습니다. 그러고 나서 내린 결론이 있습니다. 학급 어린이회의를 하다가 알게 되었지요. 그

때 아이들끼리 주제 토론을 하다가 한 학생이 반론을 제기하면서 '쩐다'라는 표현을 하였습니다. 그런데 다른 학생이 발언권을 얻고서 그 학생에게 '쩐다'라는 표현은 사적인 자리에서 사용하고 공식회의 석상에서는 자제했으면 좋겠다며 문제 제기를 하더군요.

그때 알았습니다. 어른들이 보기에 아이들이 무분별하게 또래 언어를 사용하는 것 같지만, 실상 그들도 그 말을 할 수 있는 때와 하지 말아야 하는 순간을 구분 짓고 있다는 사실을 말이죠. 그리고 고맙게도 그 기준점을 제게 알려준 순간이 있었습니다. 또래들끼리의 비밀스런 이야기나 친근감의 표현으로 사용하는 것까지는 용인해주되 공식적인 자리나 공동의 프로젝트를 수행하는 협력의 순간들에서는 사용하지 않도록 교육하면 된다는 기준점이었습니다.

Q. 그래도 언어순화 측면에서는 또래 문화 안에서도 좀 더 부드럽고 보편적으로 통용되는 언어를 쓰도록 지도해야 하지 않을까요?

원칙론으로 보면 그게 맞습니다. 하지만요, 이미 초등 고학년은 자칭 '사춘기'라고 합니다. 그 말은 어느 정도 자기들만의 경계를 만들고 그 안에서 자유로워지고 싶다는 표현이지요. 그리고 그들 자신이 느끼기에 자신의 언어는 또래들 안에서 충분히 부드럽고 보편적이라고 생각하지요. 오히려 표현만 순화할 뿐 비아냥거리거나 그 안에 감정을 담을 때 더 공격받았다고 생각합니다. 그리고 매 순간 또래 언어를 지적하는 행위는 결국 큰 반감을 불러오거나 담임이 보지 않는 곳에서 더욱 심화된 또래 언어를 만들어버리지요. 아이들 스스로 공식적인 자리에서는 사용하지 않을 만큼의 자제력을 갖추게 한다면 그 정도만으로도 기성세대와 충분히 타협의 접점을 가질 수 있어요.

무조건 못하게 한다는 느낌보다는 타협의 여지가 남아 있는 것이 소통과 교류에는 더 큰 힘을 발휘합니다. 실제 그 여지를 잘 사용하는 교사도 있습니다.

Q. 어떻게 잘 사용한다는 건가요?

제가 근무하는 학교에 '곰쌤'이라는 별명을 지닌 6학년 선생님이 계십니다. 교실 앞문에 이렇게 붙여놓았습니다. "교실 난방을 위해 앞문은 출입 통제한다. 이건 궁체로 쓴 거다"라고 말이죠.

Q. 앞문을 통제한다는 말은 알겠는데… '궁체로 쓴 거다'라는 표현은 뭔가요?

바로 그 점입니다. 학생들은 바로 그 '궁체로 쓴 거다'라는 표현을 재미있어하면서 앞문으로 다니지 않습니다. 앞문을 사용하지 못하게 하는 담임에게 오히려 친근감을 느끼지요.

'궁체'로 썼다는 표현은 '진지하게 말한 거다'라는 아이들 또래 언어입니다. 우리가 보통 요즘 중·고등학생들이 사용하는 언어를 '급식체'라고 말하지요. 어른들은 알아듣기 어렵지만 학교에서 급식을 먹는 학생들끼리 가볍게 사용하는 언어를 총칭해서 '급식체'라고 하는데요, '궁체'는 '급식체가 아닌 정중한 표현'이라는 뜻입니다.

Q. 아이들과 소통하려면 오히려 우리가 그들의 언어를 배워야겠네요.

누군가의 언어를 배우려 한다는 것은 기본적으로 상대방에 대한 존중이 내포되어 있죠. 내가 너를 더 이해하고 싶다는 무의식적 표현이에요. 교사인 저도 초등 또래 아이들의 언어를 다 이해하지 못합니다. 그렇다고 매 순간 알아들어야겠다고 생각하지도 않습니다. 그렇게 다가가면 저도 부담되고 또 한 편으로 매번 묻는 것도 아이들에게는 귀찮은 일이지요. 간섭처럼 느끼고요. 저는 그저 그러한 순간에 다행이라고 생각합니다. 내가 모르는 그들만의 영역이 있음은 아이들이 그만큼 성장하고 있다는 것과도 같기 때문이지요. 그저 교실에서 생소한 언어를 들을 때는 문맥상의 느낌만 잘 살핍니다. 그 언어를 느끼려고 합니다.

저는 우리 학부모님들도 그런 자세로 다가가면 된다고 생각합니다. 그러다 보면 저절로 알아듣게 됩니다.

Q. 그렇다면 다른 관점에서 질문을 드릴게요. 이런 알아듣기 모호한 표현들 말고, 실제 거친 욕을 쓰는 경우는 어떻게 해야 할까요?

그때는 분명하게 선을 그어주어야 합니다. 안 된다고 말이지요. 덧붙여서 구체적으로 설명을 해주어야 합니다. 그냥 나쁜 말이니 쓰지 말라고 하는 것은 가슴으로 와 닿지 않습니다. 욕은 주먹을 쓰는 폭력과 같은 것이라고 명확하게 말해주어야 합니다.

"그건 언어가 아니다. 폭력이다."

Q. 더 나아가 우리 아이들이 욕을 사용하지 않는 습관을 가지게 하려면 어떻게 해야 하나요?

습관은요, 반복되었을 때 생기는 겁니다. 우선 어른들부터 그런 언어를 사용하지 않는 모범을 보이는 것이 기본이지요. 폭력적인 언어를 사용하는 영화 시청을 자제하는 것도 필요하고요. 무엇보다도 그런 환경에 노출되지 않는 것이 우선되어야 합니다. 그러기 위해서는 많은 어른이 아이들 앞에서는 교육자라는 마인드를 가져야 합니다. 운전을 하다 보면 너무도 쉽게 욕을 내뱉는 모습들을 보게 되죠. 아이들에게 욕이 습관이 되는 것은 주위에서 자주 들었기 때문입니다. 이는 몇 사람이 교육한다고 되는 것이 아닙니다. 사회 구성원 모두가 신경 써야 할 부분입니다.

Q. 마지막으로 '초등학생 언어의 온도', 정리해주시죠.

유시민 작가는 《표현의 기술》에서 이렇게 말합니다.

"사람은 <u>스스로</u> 바꾸고 싶을 때만 생각을 바꿉니다."

저는 이 표현을 이렇게 바꾸어 말해봅니다.

"초등 아이들도 <u>스스로</u> 바꾸고 싶을 때만 자신의 언어를 바꿉니다."

누군가 억지로 언어를 순화하라고 강요한다고 아이들 언어의 온도가 따뜻해지지 않습니다. 마음으로 동화되어야 자신의 언어를 바꿉니다. 그렇게 되기 위해서는 감동을 받아야 합니다. 어른들부터 일상의 언어에서 감동을 주는 작고 따뜻한 말들을 서로 주고받으시길 바랍니다. 그래야 아이들도 <u>스스로</u> 언어를 바꾸고 싶어 합니다. 이렇게 '대한민국 언어의 온도' 또한 조금 더 따뜻해지기를 소망해봅니다.